中 国 美 术 院 校 新 设 计 系 列

服饰图案设计

邓晓珍 著

上海人民美术出版社

图书在版编目（CIP）数据

服饰图案设计 / 邓晓珍著.—上海：上海人民美术出版
社，2020.01
ISBN 978-7-5586-1187-2

Ⅰ.①服... Ⅱ.①邓... Ⅲ.①服饰图案–图案设计–高等学
校–教材 Ⅳ.①TS941.2

中国版本图书馆CIP数据核字（2019）第225874号

服饰图案设计

主　　编：邬烈炎
执行主编：王　峰
著　　者：邓晓珍
策　　划：姚宏翔
统　　筹：丁　雯
责任编辑：姚宏翔
特约编辑：孙　铭
技术编辑：季　卫
出版发行：上海人民美术出版社
　　　　　（地址：上海长乐路672弄33号　邮编：200040）
印　　刷：上海丽佳制版印刷有限公司
开　　本：787×1092　1/16　9印张
版　　次：2020年1月第1版
印　　次：2020年1月第1次
书　　号：ISBN 978-7-5586-1187-2
定　　价：58.00元

前言

服饰图案设计是极具创新性的工作，图案设计师需要洞悉社会经济文化发展的微妙变化，敏锐捕捉时尚潮流元素，同时，在产品设计开发中还需要能对产品的商业性有较好的把控。服饰设计师在开发每一季的服饰产品时，应该涉及两个最基本的要素：面料和版型，而其中，面料是服装设计的核心与灵魂，织物的色彩、图案与质感，是提升服饰产品附加值的关键。服饰设计师能在设计中实现自我的创意与艺术表达，很大程度上取决于对面料的掌握能力，服饰面料能深化服饰产品的内涵和外延，使品牌的设计风格独特而富有个性。

众所周知，中国服装产业不缺少制造，缺的是创造，中国是全世界最大的服装消费国和生产国，也是全世界最大的服装生产加工基地，全世界每三件服装，其中就有一件来自中国，近年来中国服装企业的品牌意识虽然不断加强，但中国服装行业还缺乏真正意义上的国际服装品牌。中国时尚服饰产业从"中国制造"走向"中国创造"，仍然有一段路要走，中国服装要走向世界时尚舞台，唯有设计与创新。在世界时尚产业，每个著名的时尚品牌都有着自己的风格和故事。无论是产品设计、供应链，还是营销模式，著名时尚品牌以其特有的风格引领着世界时尚产业的风向标。作为服饰图案设计师，了解服饰图案的各种风格流派，掌握图案设计的方法和技巧，了解国际流行趋势的风格走向及其对服饰图案设计的影响，这些是服饰设计师必须具备的能力。本书系统讲解了现代服饰图案设计的工艺要求、服饰图案的风格与类型、图案设计的规律和表现技法，图文并茂，让读者了解服饰图案设计的现状以及服饰图案设计师必备的专业技能。

读者也许会发现，阅读本书和以往的阅读体验有些许不同，本书无论是从图案风格流派的知识梳理，还是设计方法的叙述，无不体现出较强的时代性，在专业知识的讲解上，结合相应的图片与案例分析，深入浅出，突出时尚性和实操性，引导读者领会图案设计的规律、方法和设计技巧。希望读者在阅读本书后，在服饰图案设计的创新性、综合设计能力方面均能有所提高。

本书注重服饰图案的应用性，完美的设计方案首先需要满足纺织产业的工艺要求，在此前提下，结合国际时尚流行趋势，新形式、新材料、新工艺，使设计师对服装及纺织行业形成更全面和深入的了解，书中探讨的诸多关于图案设计的问题，会拓宽设计师的设计视野。相信纺织品设计师、服饰设计师，特别是服饰设计专业的学生在阅读此书后，可以在专业知识、图案设计创新能力和市场应用方面收获良多。

本书的编写结合多年的实践教学经验，本着理论与实践相结合、艺术与技术相统一的原则，对服饰图案设计的规律和表现技法进行梳理，形成一套系统而富有针对性的教材，强调应用性和实操性。由于本人水平有限，书中难免存在不足之处，恳请专家和同行批评指正。

邓晓珍

2018年8月

目录

01

第一章 概述

如果说服装设计的要素是面料和版型,那面料则是服装设计的核心与灵魂,织物的色彩、图案与质感,是提升服饰产品附加值的关键。织物是服饰时尚产品的载体,承载着服饰产品的格调和品位,对于纺织品设计师来说,图案和色彩是织物设计的重要组成部分,图案设计是极具创新性的工作,在设计过程中,设计师需要了解图案设计流行的周期性变化,国际流行思潮的变幻。

一 服饰图案设计与生产的关系

生活方式和产业模式的变化为服饰设计师提供了更多的平台和可能性,作为一个独立品牌设计师,可以创立自己的个人品牌,也可以通过趋势研究工作室来出售自己的设计方案。你所设计的图案也许会被应用在服装上,或应用在帽子、箱包、鞋履等服饰配件上。

在纺织行业,服饰图案设计师和生产之间的关系,有时候是独立的,有时候是非常紧密的。作为设计师,你对所有生产环节的决策和产品的最终呈现,取决于面料设计和最终的终端产品的完成、生产商和供应链之间的关系。

而作为服饰品牌的设计师,则必须要考虑到生产环节以及终端产品的应用。设计师与生产环节的关系,有时取决于设计师所服务的企业规模,大的设计公司分工非常细致,有不同的部门来处理供应链的方方面面,然而,规模小的企业,分工则更具弹性,可能要求设计师兼顾设计与整个生产流程,当然,这也能充分锻炼设计师的能力。

纺织产品的生产,要求能满足一系列技术要求,例如,图案的循环接版、色彩套色的数量限制、生产的成本核算等一系列问题,确保生产环节的高效和准确。当然,最不能忽视的是设计方案的原创性和创新性,达到工艺实现和设计美学的完美结合,如图03,设计师Joseph Altuzarra设计的2018新款夏装,廓形干练利落,图案设计新颖悦目,深受风格大胆的新潮女性青睐。

01 印花针织女装,图片来自WGSN
02 Anita Dongre女装,采用印度传统木模印花图案

二 服饰图案设计与面料的关系

对于服饰图案设计师而言，脱离面料载体的服饰图案设计是不现实的，一幅完美的图案设计稿的完成，那只是完成了工作的一半。选择什么样的面料，用什么样的工艺实现，才是最重要的部分，这将在很大程度上决定最终服饰产品的效果。

如果是印花工艺，那么了解印花与面料之间的关系非常重要，因为面料的选择直接影响印花的效果。无论设计师偏爱哪种设计或印花技术，重要的是要根据面料特性，选择适合面料质地与特性的设计风格和印花技术；或者说，根据图案色彩、风格来选择用什么样的工艺、什么样的面料生产。

面料的质感影响图案的效果，不同质感的面料呈现的图案细腻程度不一样。真丝、棉质面料表面纹理细腻，可以印制出非常精致的图案，对图片文件的精度要求也较高。而质地相对粗糙的麻、羊毛质地面料则不可能印制较为精细的图案。因此，如果是设计羊毛服饰图案，比如，羊毛披肩、羊绒大衣或针织衫等，图案设计不需要表现太多细节，图案的线条也不可以过于纤细，太过精细的图案在羊毛披肩上很难印制出来；但如果是真丝面料，则可以表现细腻的图案，真丝面料上可以印制出非常细腻的图案，图案越细腻精致，越能凸显真丝面料的精致华美。

因此，图案设计师不可脱离生产、技术要求来谈图案设计，脱离生产、工艺以及市场的设计也是不现实的。

03

04

05

04　印度花布风格图案的Tory Burch女装
05　Tory Burch女装

02

第二章 现代纺织技术对服饰图案设计的影响

一 了解服装与纺织品市场

作为设计师，了解市场非常关键，一般来讲，零售市场往往划分为高端、中档和大众；品牌的层次定位直接影响产品设计的开发，包括设计主题、图案布局、色彩的应用，以及面料选择、印花过程和特殊工艺效果等。对于设计师而言，要做到这一点，就需要了解品牌和零售商，了解不同品牌之间的差异化，才能更好地迎合消费者的偏好。一般来说，高端品牌是市场的风向标，品牌通过色彩、图案花型及品牌文化赋予其产品内涵和价值，其产品设计从品质和价格定位等方面都有其特定的要求。以英国高端时尚品牌Paul Smith为例，品牌宣称："你能在每一件产品中发现灵感。"Paul Smith非常关注其产品的设计细节，这些考究的设计细节构成了不拘一格的品牌形象，极具挑战性的创意服饰图案清晰表达了品牌的格调与个性。这样的品牌风格和设计理念使得消费者对其高品质的面料和前沿的纺织技术抱有较高的期望。

当一线品牌采用某一种印花风格，其他中端和大众品牌会纷纷效仿，起源于一线高端品牌的某种技术或工艺，被各个层次的市场产品相继效仿，市场的从众现象也相应会影响高端产品的品牌识别度，随后，高端品牌则会很快淘汰这种技术和设计，开发新一轮的新品。

相比高端品牌，小众设计师品牌则强调创新和个性化，从个性化的角度来彰显品牌文化，引领服饰设计的风格化趋势。

01

02

01　个性化女装图案设计
02　Paul Smith粉红色"太平洋花卉"印花裹身裙

二 现代纺织技术与服饰图案设计

对设计师而言,对生产过程的了解是必不可少的。设计师需要了解设计的印花图案是怎样被印制出来的,对生产环节的了解和认识对图案的设计创造非常有帮助。因此,设计师需要了解各种生产工艺的特点,这些知识也会相应增加设计师的工作经验,使设计师的创作更加游刃有余,以下是被设计师和生产商广泛应用的纺织印花技术。

1. 数码印花

数码技术的飞速发展对服饰印花图案设计产生了深远的影响,也为设计师拓展了更多的可能性。借助计算机辅助,可以随意设计任何风格的图案。由于数码印花的独特优势,纺织服装产品在生产中越来越多地采用数码技术模式。

无论是设计阶段,还是面料印制阶段,数码技术都被广泛地应用,相比传统印花,数码印花的优势在于:

(1)对图案设计来说,色彩应用无限,即使一幅图案设计稿有无数套色彩,也可以轻松印刷。从生产成本来说,无论多少套色彩,在生产成本上没有太大的悬殊。

(2)从印花生产的成本来说,其免除了复杂的分色过程,也相应节约了生产成本,缩短了生产时间。

(3)设计稿可以直接输送到工厂进行印制,使得远程工作便利化。

设计师的图案创作可以全部用软件进行制作或者手绘,然后扫描导入计算机,通过Adobe Photoshop、Adobe Illustrator等设计软件进行调整和修改,完成的电子版文件可以直接通过数码印花技术完成印制,这

种新的印花技术大大提高了生产效率。

如今,数码印花的潜力正在被充分挖掘,对于未来的年轻设计师来说,数码技术的发展将带来更广阔的发挥空间。相对于传统印花,数码印花无需分色制版,快捷高效,为设计师的创作带来了更多的可能性,一些个性化的图案,比如摄影图案,均可以直接采用数码喷印生产;对一些小批量的快时尚服饰品牌来说,这也是一种非常适用的生产模式。

数码印花技术也是年轻设计师非常感兴趣的方面,随着技术的飞速发展,数码印花技术将会在长时间内深刻影响服装面料的生产模式,同时,也将为纺织和服装设计师带来更多的可能性。

小贴士

尽管数码印花摆脱了图案色彩数量的限制,为图案设计拓展了无限可能性,但也存在一定的局限性,这种局限性主要体现在承印的面料坯布上。一般来说,数码印花在棉质面料上呈现的色彩不够鲜艳,在厚重的面料上也难以印制相对通透明快的色彩。

其次,对于大批量产品印制来说,和传统印花相比,数码印花的成本相对较高,在未来,随着数码印花成本的逐步下降,数码印花也许有可能会取代丝网印花,成为快速经济的印花模式。

数码印花对文件的精度要求较高,图案应存为TIF格式,文件大小应不小于300dpi。

2. 转移印花

转移印花是先将染料印在转移印花纸上,然后通过热处理使染料转移到纺织品上形成图案。印花后不需要水洗处理,因而不产生污水,是一种对环境友好的印花生产模式。转移印花可获得色彩鲜艳、层次分明、花型精致的艺术效果。

热转移印花的局限在于,它只能应用于聚酯纤维面料。近些年,随着用于运动装的新型创新织物的发展,热转移印花在市场上找到了更广阔的应用空间。

3. 丝网印花

平网印花和圆网印花始于20世纪初,铜版辊筒印花为平网印花和圆网印花的雕版技术开辟了道路,铜版印花使印刷技术能够印制出线条流畅、色彩稳定细腻的图案,朱伊印花图案堪称铜版印花的代表,其细腻的单色人物风景图案,流畅的线条,典雅的法兰西格调,自18世纪以来深受大众的喜爱。

丝网印花是一种手工操作印花技术,在印制过程中,可以激发设计师的即兴创作,获得许多意料之外的、别具一格的艺术效果。

尽管数码印花技术越来越普遍,但是大批量产品的生产还是采用传统的圆网印花生产为主。采用传统印花工艺需要分色、制版,这一过程费用高,对于小批量产品不适宜,但是,如果是大批量产品的话,目前丝网印花仍然是首选的印花方式。

4. 特殊印花

烫金和植绒是一种特殊印花,需要用一种胶状印花浆作为媒介,通过热压工艺,将锡箔或植绒纸粘在有印花胶的地方,形成浅浮雕状的花纹。一般在室内装饰面料上使用较多。在服饰面料上局部采用烫金和植绒工艺,可以增加面料的质感和层次感。

5. 发泡印花

发泡印花是一种具有特殊效果的印花工艺,在印制过程中,将含有发泡剂的涂料印花色浆印在织物上,经过高温加热,所印制的花纹会发泡,呈现浮雕般的图案纹理。发泡印花又称立体印花。发泡印花可应用在帽饰、T恤和背包上,一般为局部小面积印花为主。

6. 烂花印花

烂花印花有别于其他印花方式的方面,主要是印花浆和承印面料的不同。适用于烂花印花的织物是一种由两种复合纤维织成的面料,用特殊的化学印花浆在棉涤混纺的面料上印花,通过化学反应,面料里的棉纤维成分被溶解腐蚀,只留下涤纤维的部分,涤纤维呈透明状的效果,因此,最终完成的面料呈现若隐若现、高雅别致的效果。

随着生活水平的不断提高,人们越来越追求服饰的艺术性和个性化,烂花印花正好满足了消费者对服饰面料的要求。涤棉混纺的烂花纱,犹如蝉翼,飘逸透明,不失为夏季裙装、晚礼服等理想的服装面料。

小贴士

丝网印花技术对图案设计和面料创新的课程教学来说,是非常重要的一课。与数码印花、转移印花技术相比较,丝网印花不受承印面料的局限性,无论是棉质还是聚酯纤维面料,轻薄或厚重的面料,都可以进行印制。特别是在传统丝网印花的基础上,根据设计稿,初学者可以即兴发挥,结合使用植绒、烫金、发泡印花以及烂花工艺,大胆探索图案、色彩、肌理、材质与工艺之间的关系。

三 技术对设计的影响

回首纺织品印花图案设计的发展趋势,我们不难发现,技术的发展是影响图案设计风格变化的主要因素之一。

1. 技术使设计更精彩

一项技术需要在行业被采用一段时间后才能被广泛认可,是否能大规模投入使用并得到长足的发展,则由产品的销售反馈和市场前景来决定。此外,新兴的印花技术的产生也会对从业者的工作方式产生重要的影响,如今,数码印花技术为服装和纺织品设计师拓展了广泛的空间。

图案设计随着技术的发展也产生了一定的变化。近几年,数字技术对设计风格产生了显著的影响,数字技术对纺织产品的影响可以从两个方面来看。第一,就设计层面来说,Adobe Photoshop、Adobe Illustrator等二维软件的广泛使用极大地便利了设计创作。其次,数码印花技术的迅速发展也极大地推动了印花产品的开发。

从图案设计开发的角度来看,数码印花的优势非常突出,譬如,用印花工艺模拟经典提花或刺绣图案,实现一种工艺上的视觉转换,既能缩短生产成本和生产周期,也能使面料外观更富有个性化色彩。

随着数码印花技术的飞速发展,它将在长时间内影响纺织面料的设计和生产方式,对于设计师来说,色彩、款式和面料仍然非常重要,熟练掌握这些技巧对于年轻的纺织品设计师非常重要。

03

2. 设计推动技术的发展

新兴纺织技术的不断发展极大地改变了设计师的工作领域,赋予设计层面更多的可能性,这是令设计师无比兴奋的事情。作为设计师,反过来,也可以帮助推动纺织技术的开发与发展。

总之,赋予产品别致新颖的图案和质感,是纺织服装产品开发的核心,也是增加产品附加值的最佳途径。因此,作为图案设计师,要确保你所设计的图案在面料上能呈现预期的设计效果。对服饰图案设计师来说,了解产品,了解设计,时刻关注由生活方式引发的消费理念的需求变化,关注纺织品流行趋势以及最新纺织技术的发展动态,与掌握娴熟的设计技巧同等重要。

03　时尚女鞋印花图案设计
04　3D打印女装设计

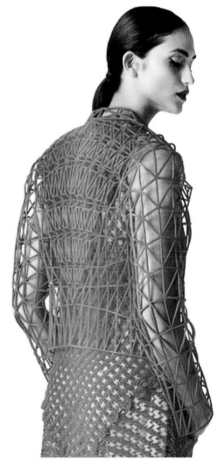

04

四 为生产而设计

纺织品印花图案的设计发展过程并不简单，针对不同的产品市场，纺织品图案的流行趋势都有所不同，甚至在很多细微的地方都存在差异，特别是技术与工艺对图案设计的影响。从事纺织品印花图案的设计师不仅要能够设计不同风格的图案作品，还要了解设计的背景、印花图案及色彩流行趋势，确保设计方案能很好地应用到实际的产品设计中去，并能通过设计提升产品的附加值。

纺织品印花图案设计要满足生产技术对图案的要求，织物厚薄和织物的材质、纹理对色彩设计的影响也是值得设计师关注的问题。不同的工艺对图案的要求不一样，不同质感的面料对图案设计的细腻和复杂程度要求也不同。

材质也是影响图案色彩和细腻程度的因素。在织物的纹理方面，将非常细腻的图案印制在有肌理感的织物或较粗糙的毛织物上，会损失一些图案的细节，而如果将同样的图案印制在细腻的真丝缎或精纺细棉布上，则呈现较为细腻的图案。对服饰图案设计来说，选择合适的面料非常关键。

05 数码印花时尚女装图案设计
06 数码印花女装图案设计

05

06

03

第三章 流行趋势预测与服饰图案设计

一 流行趋势的特征

1. 流行趋势对服饰图案设计的重要性

在研究和产品开发设计的过程中，设计师必须要注意时代性，当你设计开发的产品预计投入市场时，社会和所处的时代正在悄然发生改变，这些改变将会影响消费者的购买需求和购买决策。

趋势预测是一种产业，它在设计师、生产商以及零售商制定决策的过程中给予他们市场性的导向和支持。趋势预测研究专家从消费者、从事市场分析研究的公司以及来自都市猎奇者的资讯那里得到相关的真实数据，关注不断涌现出的高街时尚、社会现象中的时尚效应，从中预测下一步将会发生什么。他们也会经常参加重要的国际时装周、艺术院校毕业秀以及重要艺术展览、博物馆展览来获取信息；分析和提炼搜集的数据资讯，把这些重要的数据资料归纳整理成色彩灵感板、意象、剪影，从而定义一个新的时代精神，用于投入产业进行新一季的产品研发。整个的研究过程要提前两年开始，最终成熟的趋势手册得以设计完成，各个不同的趋势机构发布的不同产品类别的产品开发趋势手册为企业提供指导和市场分析，包括色彩、材料、印染方式、风格和图案、消费者需求和技术要求。

趋势研究机构通过印制趋势预测手册、在线服务等方式为企业提供服务指导。也有一些机构提供资讯网站订阅服务，比如WGSN等时尚资讯网站，这些资讯网站数据更新很快，每周会不断更新来自全球最新的潮流报道和T台资讯。也有一些研究机构会定期到企业或高校开展主题讲座。WGSN是比较受设计师欢迎的资讯网站，目前也有不少高校图书馆在订阅这些数字资源库。这些网站是设计师获取设计灵感资源的最佳平台，通过访问这些资讯网站，设计师可以获取最新的潮流资讯和设计灵感。趋势杂志和其他类似资源对设计师来说是非常宝贵的视觉灵感来源，能为设计师提供及时的趋势信息，也是未来设计创作的创意灵感图书馆，如图01。

01 WGSN趋势预测网站

还有一些规模较大的涉及趋势预测领域的研究机构，比如Peclers Paris, Nelly Rodi, Carlin International, Stylesight and Trendstop，也有一些稍小型的设计工作室来为他们的客户量身打造品牌的趋势，这些趋势方案带有更多个人感觉和品牌自身的特色。此外，还有一些趋势机构专注于特定类别的服装，比如运动品牌等特定时尚领域的趋势预测。而像WGSN以及Trendstop，则为客户提供一个全方位的流行资讯预测，以及印花设计方案和平面设计预测分析。

Mudpie是世界领先的趋势预测公司之一，也是国际知名服装趋势情报和设计咨询机构，服务于纺织和创意产业。它的在线服务平台，MPDCLICK.COM，为全球最具前瞻性的品牌提供创意趋势情报，它也是唯一具有设计背景的全球在线趋势服务机构。

众所周知，时尚设计产业的一部分涉及快时尚，这导致了服装流行轮回周期的改变，在中低档市场中，春夏和秋冬两个季度变化，每个季度可能产生三个纬度的产品，或者在某种特定的情况下，每个月产生一个新的产品系列。20世纪90年代高街时尚品牌ZARA的出现大大缩短了流行的轮回周期，时间周期从以前的6个月缩短到6周，现在甚至缩短到2周，这一切归功于新技术和更精简的产品供应链。当然这也得益于ZARA拥有在西班牙和葡萄牙当地的产品加工链，这给予品牌运作更大的灵活性，可以在短时间内迅速做出相关决策，用新的应季新品替代不再流行的产品，产品持续周转更新带来不断增长的消费需求。

服装生产周期加速的部分原因还在于时装业对称之为"计划报废"系统的依赖，有计划的报废促使我们对已有的产品不满意，对消费者来说，不是因为服装服饰品已经磨损破旧，而是因为它不再流行。然后，趋势研究工作者开始研究新的购买方式，催生新一轮的流行趋势，所以流行周期是持续不间断的。

虽然新商品以更快的速度抵达商店，然而，有计划的淘汰需要时尚界对趋势变化采取统一的应对方法。这种统一性来自信息来源——趋势预测因子，设计师应该认真理解趋势和预测情报，使他们能够创造出生动、活跃、创新和有趣的，更迎合市场需求的产品。

正如为众多大型高街时尚零售商服务的设计师Anna Proctor所言："趋势预测服务只是我们如何将即将到来的季节的各种想法整合在一起的一部分；我们看时装表演、杂志、展览，以及海外购物之旅，定期去国际时尚之都看时装秀，参观设计工作室，看看他们正在推销的设计风格与造型，了解他们正在销售什么样的产品……重要的是要记住趋势预测不是主要的灵感来源，因为趋势预测信息可以激发令人兴奋的产品设计灵感，但也极有可能并不适合自己的品牌风格。"因此，作为设计师和品牌运营商，如果想密切关注流行趋势，并尝试将它们作为开发产品的唯一信息来源和指导方案，可能未必如愿，因为趋势并非能像你所想象的那样发挥作用，对大多数品牌的产品开发而言，它只是一种概念性的引导。

每年的时装和纺织品交易会在全球举行，它们也是趋势发展和预测过程的重要组成部分。Premiere Vision国际服装面料交易博览会，是一年一度的国际纺织盛会，一般每年9月和2月在巴黎举办，在纽约、上海、圣保罗和日本也有展会。每年一月在法兰克福举办的Heimtextile展会是家居室内纺织行业的盛会，每年会吸引来自全球的纺织品设计师、零售商以及趋势研究机构，纺织时装行业有时也会举办一些针对特定的行业产品的展会，比如，针对某种产品类型的各种展会，如纱线或内衣展，或特定的市场级别，如中高端品牌，或产业供应链方面，如染整和后处理技术等方面。

参加展览会的目的是购买或销售产品，建立或维持与供应商的合作关系，获取有关趋势资讯，包括新产品、新工艺、技术和市场的相关信息，以便跟上行业发展的最新变化。大多数贸易展会，如Premiere Vision，都有专门面向趋势媒体和趋势机构的纺织品和色彩潮流论坛。一般的纺织服装交易博览会通常有一个区域供纺织品设计师出售他们的设计方案，这是许多纺织品设计师和设计工作室的主要销售平台。在Premiere View展，有一个特定区域称为Indigo，供纺织品设计师出售他们的作品，无论是独立设计师，设计工作室或代理商都可以参加展会来销售设计方案。Indigo在巴黎、布鲁塞尔和纽约举办类似的活动，现在越来越多出售复古或古董产品，包括服装、时装样品、书籍和艺术品。

时装周也是纺织品设计师工作日志中的重要部分。设计师参加活动或密切关注行业动态，通过杂志、报纸和互联网上的图片或资讯报道。主流设计师的潜在影响以及在秀场展示的趋势，这些资源都是纺织品印花设计师设计研究和分析的一部分。媒体也为设计师提供了广泛的资源，杂志、报纸、互联网、博客和社交网站可以帮助设计师进行设计灵感资讯收集和分析研究，了解文化、商业和消费趋势的变化。

一些非主流的流行时尚与艺术刊物，展现了当代设计和文化的更加突出的方面，这些刊物与大众杂志的风格不同，以更个性化的方式来解读时尚、音乐、艺术、设计和文化。

现在，一些贸易媒体也在线发布趋势预测，包括提供技术更新的流行专题刊物，全球事件如何影响纺织品设计行业，或关于该行业的业务分析，行业内部专家对行业的解读也可帮助企业合理制定产品设计开发战略。

报纸通常有专门的时尚、设计和文化风格部分，介绍即将到来的时尚活动，设计师和产品信息。社交网站和博客提供了参与讨论穿着时尚的方法，以及如何将各种时尚单品进行搭配以创建更潮流的个人"装扮"。

纺织品设计师的角色是通过了解、分析和串联各种社会影响思潮来创建自己的商业设计规划方案。熟悉行业内的四个设计标准很重要（主要包括设计灵感、设计风格、传统印花设计和印染纺织品市场、趋势预测），这些为设计师开发和解决设计方案提供背景知识，让设计师在开始新一季的产品研发之初就实时掌握时尚设计的流行风向标。

作为设计师，你获取设计灵感的方法，你对设计风格和印染工艺流程的理解，以及对市场细分和消费趋势的理解，将随着个人经验的累积而不断增长。从一系列的视觉资源中准确捕捉信息，使你能够制定更清晰的产品设计与开发策略。

02　2019女装流行趋势，图片来自WGSN

2. 影响趋势形成的因素

来自外界的影响

时尚设计产业以外的相关事件都有可能会对纺织品印花图案设计产生微妙的影响。社会外界发生的任何事件都会影响到消费者的审美和消费选择。因此，需要关注这些可能影响到消费动向的社会变化。最直接的方法，是进行市场调研，向市场经理和销售导购了解产品的销售情况，消费者喜爱的畅销品。了解市场需求偏好，并对外界影响保持敏感度是一种非常好的专业素质。

生活方式的改变

如今，网络世界占据了人们生活的全部，除了在网络上工作，人们会在网络上进行社交，设计师应该了解网络对人们生活产生的翻天覆地的影响。如今，人们习惯网络购物，现在，欧美国家一般实行线上购买，到店取货，人们的生活方式对产品购买方式有着深刻的影响。人们的着装体现了人们的喜好和人格魅力，大多数人会通过个人的服装风格来表现自己的生活品位。许多服装品牌会通过印花图案设计来体现品牌的风格特色。

社会经济变化

1926年，美国经济学家乔治·泰勒（George Taylor）提出了"裙摆指数"，即经济形式越好，女生的裙子长度越短。裙边理论又称裙边效应。当妇女普遍选择短裙，裙边向上收时，股市也随之上扬，如上个世纪20年代和60年代；相反，当妇女穿着长裙，裙边向下降时，市场经济也逐渐走低，如上个世纪30年代和40年代。Taylor认为当时国家的经济形势不好，所以女生倾向于穿长裙以遮掩廉价的丝袜。在经济繁荣的20世纪60年代，迷你裙热卖；但到了20世纪90年代初期，东南亚金融危机爆发，长裙是最流行的款式。"裙边理论"在过去一次次地得到了印证。

经济紧缩时期，人们只够买生活必需品，设计师会设计一些传统经典的服装样式。经济萧条时，女人不会随性购买一些太过时尚易淘汰的服装，而是趋向于购买一些经典式样的服装；而在经济上升时期，人们的购买欲望增强，销售商也会采取不同的方案，通过采取全新的设计，鼓励刺激人们的消费。

全球事件

一些文化事件也会影响相关设计风格的流行，电影或是国际性展览、体育赛事也会引发一些新的设计思潮。橱窗陈列、画廊、相关贸易展会以及时装周等，只有经过各个方面的探索思考，这些点滴的想法才会日趋完善，形成比较成熟的趋势预测。

3. 流行趋势的形成

早于两年预测人们在未来会喜欢怎样的色彩、服饰以及图案花型不是一件容易的事情，需要提出一些设计概念和一些支持它的证据来表明这些概念会与未来的流行有关，这些证据必须有足够的说服力。

二 流行趋势对服饰设计的意义

纺织品流行趋势研究机构会研究分析和发布不同类别的趋势，比如面料趋势、纱线趋势、色彩趋势、印花图案趋势等。

1. 趋势的主要内容

一本系统的流行趋势手册，会阐述如何将一个设计灵感发展成一个系列的设计成品，以印花图案趋势来说，流行趋势至少需要包括四个板块：

（1）趋势主题，趋势一般会涵盖4~5个主题，分别围绕科技、环境、文化和自然四个方面展开。

（2）流行趋势要有许多围绕色彩和图案的图片资料，这些图片可以充分激发设计师的创作灵感。

（3）流行趋势的主要内容，也是核心部分，那就是色彩板，即未来一季的流行色彩。一般会针对主题而定，每个不同的主题分别会有一组色彩，如图04。

（4）流行趋势包含一些印花图案，对于提花面料或女装趋势来说，还应附上一些流行织物样品。这些内容都是为了向设计师展示如何利用流行趋势来有效开展系统的设计工作。

04　国际流行趋势机构发布的2020流行色彩

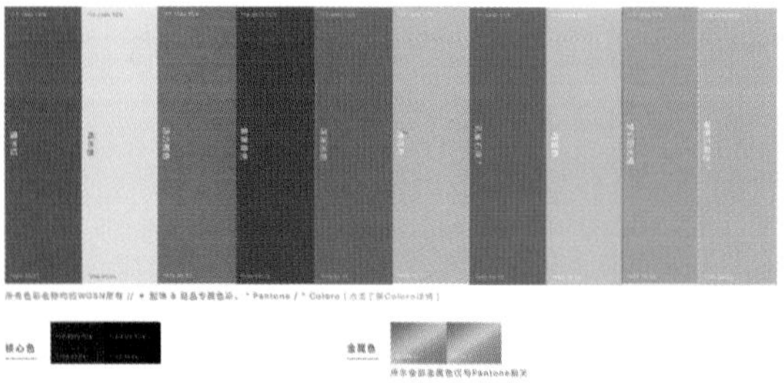

2. 如何利用趋势开展设计工作

设计师要能理解趋势的内涵，利用流行趋势手册有效开展工作，趋势只是一个概念性的设计方向，而不是一个标准答案，因此，设计师不要试图直接从流行趋势手册中获取最终的设计方案。设计师可以借鉴流行趋势中的一些灵感，结合品牌的风格，提炼概念再重新进行设计。

小贴士

流行趋势的主要内容，也是核心部分，那就是色彩板，即未来一季的流行色彩。它一般会针对主题，每个不同的主题分别会有一组色彩。通常会附有色彩灵感图片，每个主题的色彩均来自这些色彩灵感图片，使用潘通色卡或NCS色彩系统的色号对这些色彩进行标注，方便设计师和企业的使用。

对于设计师而言，每个趋势主题的色板，会包括8~10个色彩，这些色彩中有些颜色是主色，有些颜色是配色，细心的设计机构会把一组颜色的色块按大小不同的面积进行排版，主色面积比配色面积略大。

有经验的设计师会比较清楚，所谓流行色板，只是一个大的色彩倾向和基调，比如色板中的流行主色是珊瑚红色，有具体的潘通色号，但实际上设计师在采用这个色彩的时候，可以在色彩纯度和明度上适度地变化，而不是要完全参照趋势色板。其次，趋势色板色中的色彩也是有选择性地使用，而不需要面面俱到。

04

第四章 服饰图案的风格与类型

一 经典民族纹样

世界上有无数的国家和民族，历史渊远流长，各自的艺术语言、宗教信仰、设计思维和表现手法各不相同，在各自的文化发展历程中也产生了丰富多彩的纺织工艺、印染方法和民族纹样，许多民族纹样以其独特的图案艺术风格给某一地区或整个世界的纺织图案带来了深远的影响，成为世界纺织纹样中一个极其重要的组成部分，这些颇具民族特色的图案被我们称之为民族纹样。

在世界印花织物图案中民族纹样会出现周期性的流行，但以下几种经典的民族纹样在瞬息万变的潮流变幻中几乎从未退出时尚的舞台，因此，也是我们研究世界印花织物图案流派的重要依据以及设计创作的典范素材。

1. 佩兹利图案

佩兹利纹样起源于克什米尔，因此，又被称为克什米尔纹样。克什米尔纹样据说起源于印度生命之树的信仰，国外学者对佩兹利图案的寓意进行了广泛的研究，有人认为像菩提树叶子的造型，有人认为是受松果或无花果截面轮廓造型的影响。起初，克什米尔人将这种纹样用提花或色织的工艺来织造纺织品，更多地表现在克什米尔羊毛披肩的图案设计上。苏格兰南部的佩兹利市（Paisley）的毛纺行业采用这种图案大量生产羊毛披肩、头巾销售到世界各地，慢慢地，人们就此将这种克什米尔纹样称为佩兹利纹样，佩兹利图案主要由涡线组成，故而又被称为佩兹利涡旋纹样。

佩兹利纹样在我国被称为火腿纹样，在日本被称为勾玉或曲玉纹样，在非洲被称为芒果或腰果花样，因为其造型酷似腰果，今天我们习惯称之为"腰果花"。佩兹利纹样是一种适应性很强的民族纹样。最初，印度纺织工匠常用稍暗的色彩通过机织或刺绣的方法将佩兹利纹样表现在羊毛织物上，后来慢慢开始应用在印花织物中，图案的表现手法更是丰富多彩。比如，印花图

案设计师有时用密集的涡线表现佩兹利纹样，有时用概括的色块平涂来塑造佩兹利纹样，有时则用细线条勾勒的小松球图案排列组成美丽的佩兹利图案，或者将佩兹利图案穿插使用在各种复合图案中。在色彩搭配上也极为丰富，有时用深色，有时则用淡雅的浅色，或明朗鲜艳，或沉稳优雅，千变万化的技法将佩兹利纹样的典雅华丽展现得淋漓尽致。

01

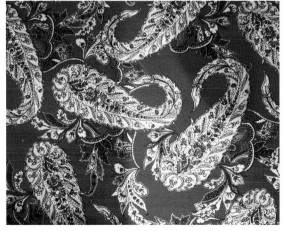

02

01 ETRO佩兹利纹样女装设计，浓浓的异域风情中平添几分清新气息
02 活泼明快的佩兹利图案

在使用上，佩兹利图案几乎被应用于一切织物上，不论是华丽的真丝印花绸还是细腻的棉质印花布。其主要用于丝绸方巾、裙装或衬衫面料设计上，以绮丽多变的图案、异彩纷呈的表现形式赢得世界各地人民的喜爱。在世界各地的任何一个角落，佩兹利都不曾被遗忘，无论时尚潮流如何变迁，佩兹利元素都能在设计师手下，绽放出一朵朵绚烂多姿的设计之花。根据不同的品牌风格，佩兹利图案被设计师演绎得或传统，或清新，或迷幻，在世界时尚舞台大放异彩。

最善于运用佩兹利纹样，对“腰果花”图案情有独钟的莫过于意大利知名品牌ETRO，品牌创始人Gimmo Etro在去印度旅行时受到启发，以自己独特而充满个性的创新演绎，给佩兹利纹样注入新的活力，使其充满华丽典雅的韵味而又不乏时尚现代气息。佩兹利图案元素被大量运用在ETRO的家用饰品、成衣以及披肩、丝巾、领带等各系列产品中，深受消费者的喜爱。“腰果花”图案为时尚注入了更多文化和艺术元素，使ETRO的品牌内涵更加丰富。如图06，ETRO将传统佩兹利元素和彩虹条纹混搭，营造浪漫迷幻的佩兹利时尚，打造热烈奔放的异域风情。

03

03 ETRO佩兹利图案披肩设计
04-05 ETRO佩兹利图案女装设计

04

05

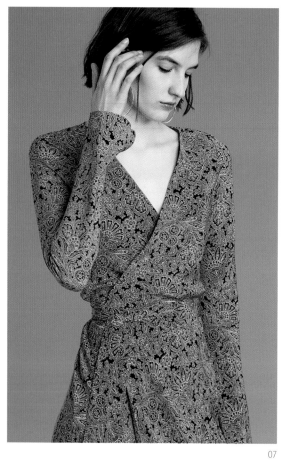

06 ETRO将传统佩兹利元素和彩虹条纹混搭
07 Diane Von Furstenberg佩兹利印花裹身裙
08 ETRO佩兹利图案女装设计

2. 蓝印花布图案

蓝印花布主要采用手工型纸印花，图案丰满，构图优美，因风格古朴典雅而备受人们的喜爱。在图案设计上，我国劳动人民常常用充满美好寓意与谐音的装饰手法把对美好生活的憧憬寄情于蓝印花布图案设计中，比如，用牡丹寓意富贵，用松鹤寓意长寿，用石榴寓意多子，用喜鹊寓意喜事临门；蝙蝠谐音福，金鱼谐音金与玉，蜜蜂与竹子寓意"丰衣足食"。此外，还有各种花卉和动物图案组合，菊花、芙蓉、海棠、桃花、水仙、麒麟、狮子、孔雀等图案都被广泛应用。

中国的蓝印花布大量销往日本，受到日本消费者的喜爱的同时，也深刻影响了日本的蓝印花图设计，日本蓝印花布图案主要有龟甲、梅、兰、竹、菊、牡丹、松鹤等图案。

09

3. 印度花布图案

印度是世界文明古国之一。印度的棉织业和丝织业发展较早，古代印度一直是印花技术比较发达的国家，除了扎染、蜡染、扎经等印花技术外，它很早就有木版凸版印花与铜版印花，大大丰富了印度的织物纹样。印度的传统纹样对欧洲和世界纹样有着持久深远的影响。

印度纹样以其富丽凝重、精美细腻的特点深受世界人民的喜爱。典型的印度传统纹样有两大分支，一种是起源于对生命之树的信仰，另一种则是出于印度HINDU教故事与传说。前一种纹样多取材于植物，如石榴、百合、菠萝、风信子、椰子、玫瑰和菖蒲等，这些题材经过高度的提炼概括，采用图案化的装饰变形手法，用卷枝或折枝的形式把图案连续起来，华丽至极。后一种题材形式应用更为广泛，大多应用于家居或女装面料、披肩等。

10

09　繁缛富丽的印度花布图案
10　精致典雅的印度花布纹样

4. 夏威夷图案

夏威夷图案为海滨度假的标志性服饰图案，以扶桑花、椰子树为主要纹样，配以龟背叶、羊齿草等热带植物和海洋生物，以及沙滩、海洋风光、生活景物为背景纹样，点缀土著语"ALOHA"。夏威夷图案原为美国夏威夷诸岛男子日常穿着的短袖衬衫，特殊的地理和人文环境形成了图案的风格，旅游业也推动了夏威夷图案的发展。其自20世纪中后期开始流行于世界各地，成为男女老少皆宜的夏季休假服饰和室内家居服图案，主要应用于男装衬衫、女裙、T恤、衬衫等服饰设计中，在泳装图案设计上应用尤其广泛。泳装和夏季服饰中使用夏威夷经典图案，让人产生对沙滩、游艇和冲浪的联想，从而营造出一种轻松愉悦的度假氛围。无论何时，我们看到一件经典的夏威夷印花衬衫，都可以感受到它带来的那种轻松、愉快的气氛。

夏威夷图案以花型大、勾线平涂、泥点晕染、色彩明快为特点，呈现出鲜明强烈的艺术个性。

11　热带椰子树为主题元素的夏威夷印花图案
12　带有"ALOHA"字样的度假风夏威夷印花图案设计

11

二 古典图案

1. 朱伊花样

朱伊风格图案源于18世纪晚期。1760年德籍年轻人克里斯多夫·菲利普·奥贝尔康普在巴黎郊外的朱伊(Jouy)小镇开设了一家棉布印染厂,生产本色棉或麻布上用木版及铜版印花的面料,朱伊花布用铜版印花代替木版印花,充分发挥铜版印花精致细腻的特点。

朱伊图案层次分明,造型逼真、形象繁多、刻画精细,是富有绘画场景风格的图案之一。朱伊纹样以人物、动物、植物、器物等构成田园风光、劳动场景、神话传说等图案。主要图案风格表现为:

(1)以风景为主题的人与自然的情景描绘,主要以法兰西田园风光为母题,有时还穿插一些富有幻想色彩的描写中国风俗画和风景的题材。

(2)以椭圆形、菱形、多边形、圆形构成各自区域性的中心,然后轮廓内配置人物、动物、神话等古典主义风格图案。

图案层次分明,一般在白色或本白色棉、麻布上印制单色图案,以蓝、红、绿、黑色、米色最为常用,单色配景画风格的图案极具法兰西优雅浪漫的风格,是绘画艺术和实用艺术结合的典范。

13

13 以神话传说人物、风景、建筑等组成的朱伊印花布图案

14-15 朱伊花布印花图案

14　　　　　　　　　　15

16

17

16　朱伊印花工场设计的法兰西南部庄园小景
17　朱伊印花工场设计印制的法兰西南部庄园风光

2. 中国风格图案

中国的丝绸织物以精湛的织造技术和无与伦比的精美图案闻名于世,中国的染织纹样经过丝绸之路进入欧洲,对欧洲的染织纹样产生过持续的影响。中国的花鸟纹样打破了欧洲纺织图案以几何图案为主的局面。18世纪后半期,在欧洲装饰设计中掀起了一股异乎寻常的中国风,在壁毯、服饰、家具、墙纸、刺绣、陶瓷和染织图案中大量出现中国风元素,中国的亭台楼阁、秋千仕女的风景图案,中国的扇子、屏风、瓷器画轴,中国传统图案中的龙、凤以及牡丹、梅花、桃花等题材大量出现在印花织物中,这些设计表达了他们对遥远东方的憧憬和幻想。这些花样在以后的200年中,作为世界传统图案经常出现在服饰设计中。

17-18世纪,西方开始大量借鉴中国元素,在当时,人们将其称之为"中国风格"。时至今日,中国风格元素在壁纸和室内装饰布设计中仍然十分常见,中国的灯笼、园林建筑、油纸伞等元素成为西方设计师诠释东方文化的符号。

我们今天仍然可以从当时的朱伊印花工场的印花图案中看到许多中国风元素。地域风格图案可以满足人们对异域文化的憧憬和向往,如图20,18世纪欧洲生产的中国风印花布,图案以中国传统的蒲扇造型为灵感。

19

20

18

18–19　中国风印花图案
20　18世纪欧洲生产的中国风印花布

三 经典装饰图案

1. 威廉·莫里斯图案

19世纪70年代末，威廉·莫里斯在英国几乎是家喻户晓，他将一种新自然主义引入维多利亚时代的图案设计。莫里斯接受欧洲中世纪以及东方艺术的影响，提倡浪漫、轻快、华美的风格，莫里斯图案被看作是自然与形式统一的典范，以装饰性的花卉为母题，在平涂勾线的花朵、涡卷形的枝叶中穿插左右对称的S形曲线或椭圆形茎藤，排列紧凑规整，具有强烈的装饰性。莫里斯图案对欧洲乃至世界的纺织品装饰以及平面设计领域都产生过深远的影响。时至今日，他的作品仍然深受全球消费者的喜爱，英国伦敦大英博物馆和维多利亚·阿尔伯特博物馆以莫里斯图案为原型设计生产的各种纪念品深受来自世界各地人民的喜爱。

21 威廉·莫里斯印花图案
22 采用威廉·莫里斯图案的茶巾设计，英国伦敦维多利亚·阿尔伯特博物馆设计生产

21

23

24

23-24　威廉·莫里斯壁纸图案

25

27

26

28

25-27　威廉·莫里斯壁纸图案
28　威廉·莫里斯印花图案

29

29-30　威廉·莫里斯壁纸图案

2. 新艺术图案

19世纪末，在法国、比利时、德国、意大利、奥地利和英国兴起了新艺术运动，新艺术运动集哥特式、巴洛克、洛可可艺术等欧洲各个历史时期的艺术形式之大成，麦克莫多（Mackmudo）是新艺术运动的先驱，英国画家沃伊西（Voysey, 1857-1941）是新艺术运动的代表。沃伊西的图案以菖蒲、蓟花、埃及莲、常春藤、水仙、鸢尾花、银莲花为主要的题材。新艺术图案明显受到莫里斯图案的影响，无论表现什么题材，自由奔放、富有流动感的线条是新艺术图案的特征。

31

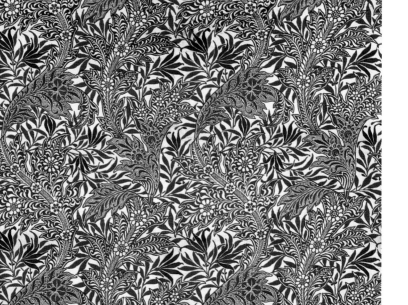

32

31　沃伊西壁纸图案设计
32　新艺术运动代表沃伊西图案设计

33

34

33-34 新艺术运动代表沃伊西图案设计

35

36

35-36 新艺术运动代表沃伊西图案设计

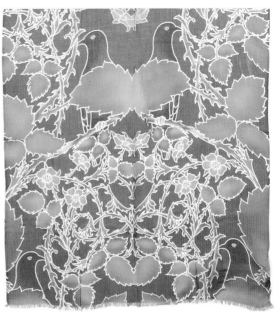

37

38

37 "鸟和玫瑰"围巾设计，沃伊西图案，伦敦维多利亚·阿尔伯特博物馆设计
38 英国伦敦Liberty时尚手袋设计，纹样来自沃伊西的纺织品设计图案

3. 巴洛克图案

巴洛克风格源于意大利罗马，17世纪初至18世纪初欧洲建筑上出现了过分强调装饰的浪漫主义风格，一反文艺复兴时期均衡、静谧、调和的格调，颠覆了古典艺术永恒不变的典范样式。这一艺术风格在17世纪法国发展到顶峰，也被称为"路易十四样式"，当时的法国国立强盛，巴洛克繁缛、奢美的装饰风格正好符合了路易十四王朝的审美需要。

巴洛克图案以变形的花朵、花环、果实、贝壳为题材，后期的巴洛克图案采用棕榈树、古罗马柱头、宽大的莨苕叶、贝壳曲线与海豚尾巴曲线等形体的结合，最大的特点就是贝壳形与海豚尾巴形曲线的结合应用。近两年，奢华的巴洛克图案样式又重新回归，被大量应用在服饰设计上。

39

40　　　　　　　41

4. 洛可可图案

洛可可图案在法国流行了一个多世纪，影响了整个欧洲大陆，洛可可图案主要采用C形、S形和贝壳形涡卷曲线，色彩淡雅柔和，采用大量的自然花卉主题，这一时期的装饰风格被称为"花的帝国"，在处理上采用写实的花卉，再用茎藤把花卉相互连接起来，就像中国的折枝花卉，配上缎带花结，雍容华贵，繁缛富丽，非常富有浪漫主义色彩和柔美典雅的情调。

42

39　巴洛克图案丝绸方巾设计
40-41　巴洛克图案
42　朱伊印花工场设计生产的洛可可风格印花布

5. 阿拉伯图案

阿拉伯图案是非常古老的图案，它不但对伊斯兰国家的装饰艺术有深远的影响，对中国、欧洲等国家和地区的图案艺术也有着不可磨灭的影响。我国的敦煌壁画中的藻井图案深受阿拉伯图案的影响，唐代卷草纹样也是由阿拉伯图案发展而来的。唐代的"陵阳公样"用对称形式结构的纹样，是唐代织锦中经常采用并有特色的图案形式。张彦远《历代名画记》载："窦师纶，官益州大行台，兼检校修造。凡创瑞锦、宫绫、章彩奇丽，蜀人至今谓之'陵阳公样'。"其主要图案样式有瑞锦、对雉、斗羊、翔凤、游麟等，穿插组合祥禽瑞兽、宝相花鸟，图案繁复凝重，庄严华丽，吸收融合波斯图案的特点，可见阿拉伯图案对中国唐代图案的显著影响。阿拉伯图案大体由以下两个部分组成：

阿拉伯卷草图案
主要以埃及的莲花、纸草花、忍冬花以及莨苕叶等植物为主题，把花、叶茎连在一起构成对称的、卷曲的连续图案。我国唐代的卷草纹受阿拉伯卷草纹的影响很深，唐代流行的卷草纹有牡丹卷草纹、石榴卷草纹，日本至今称阿拉伯卷草纹为唐草纹样。

阿拉伯结晶图案
结晶纹是阿拉伯纹样的特色，把画面分成正十字形的格子，横直之间的交叉点作为图案的圆心，以圆心展开成六角、八角、十二角形的几何型图案结构，在这种结构上添加几何或植物图案，敦煌藻井图案中有一些构图就是受阿拉伯结晶纹样的影响而发展而来的。

四 花卉图案

花卉图案在服饰图案设计中占据十分重要的地位，花卉图案较之几何图案、具象或抽象题材，更富有装饰性，更适合图案变形，也更适合色彩的变化。中国是纺织品印花最早出现，也是花卉图案最早运用的国家，花卉题材丰富多样。

印度、波斯和东南亚一些国家的纺织服装纹样大多起源于对生命之树的信仰，因此，花卉图案对波斯、印度图案也更为重要，印度和波斯的印花布常常以石榴、百合、菠萝、蔷薇、风信子、椰子、玫瑰和菖蒲等题材展开。

花卉因其美好的形态和寓意，是设计师乐于表现的题材。随着时代变迁，花卉图案的构图、表达形式在不断发生变化，但无论流行风尚如何变化，花卉题材始终是服饰图案不变的主题，也永远不会退出时尚的舞台。

1. 花卉图案的构图分类

小碎花图案
小碎花图案一般排列密集，在花的周围有小的叶子，图案的底色或柔和，或采用深色底色，一般以柔和的浅色调为主。在今天，时尚界称之为"英伦小碎花"，表现文艺浪漫的气质。

折枝花图案

折枝花图案是指截取花卉花头与部分枝干的构图形式，强调花朵与枝干的造型关系，一般将基本单元图案以不同的方向进行重复排列构图，在服饰图案设计中，一般以二分之一循环跳接的构图较为流行。

簇叶花卉

把小型的花卉聚合成簇状，再把簇状的花卉图案一组组地散点状重复排列，在花卉图案设计构图中十分多见。簇花图案以聚集的花卉为表现的主题，可以以一种或多种花卉来组合构图，表现乡村风格调，也是现代花卉图案设计比较流行的构图。

花环花样

花环图案流行于欧洲，欧美国家人民也喜爱用花环装饰房间，在欧洲"桂冠"是至高的荣誉，花环图案设计的装饰花卉自然备受喜爱。

束花花样

花卉图案被组合成束花状再加上飘扬的缎带或由缎带结成蝴蝶结，加上花篮，最富有代表性的是洛可可风格。缎带花环或花篮的构图，非常具有浪漫色彩和女性情调。近年来，其也流行与条格图案组合构图。

团花花样

用团花组成的花卉花样在我国唐代就非常流行，当时的团花图案在表现技法上一般以平涂勾线为主。当时的流行题材，一般以牡丹、芙蓉、梅花、莲花、桃花、菊花等为主。

44-45　折枝花图案
　　46　团花图案

44

45

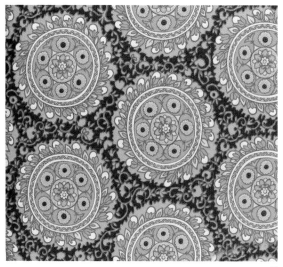

46

2. 花卉图案的技法表现

写实花卉图案

我国传统的工笔花卉画就是写实花卉图案的一种，20世纪八九十年代流行的田园花卉装饰布，就是采用写实的手法把多种花卉元素放置在一起，画面疏密有致、繁而不乱。

47

写意花卉图案

20世纪以前，印花织物的花卉图案基本上是采用写实手法，法国"野兽派"画家代表创作的印花织物图案，可谓是写意花卉图案的代表。DUFY创作的花卉图案，运用印象派与野兽派的写意手法，采用大胆简练的笔触、挥洒的平涂色块、粗犷豪放的干笔，然后再用流畅的钢笔线条勾勒出写意的轮廓，色彩明快，具有强烈的装饰效果。

其图案也有不同风格的写意花卉，运用不同的材料，比如油画棒、色粉笔在粗糙的画纸作画，由于纸张的粗糙质地，留下些许"飞白"，比较粗犷豪放，是写意花卉经常使用的方法。它使用流畅而飘逸的钢笔线条勾勒出外轮廓后，再用连续潦草的笔法勾勒出花瓣和花蕊的结构，这种笔法更为流畅。

47 写实画鸟图案
48 写实花卉图案
49 写意花卉图案，图片来自WGSN

48

49

标本花样图案

20世纪60年代和80年代在欧洲的丝绸和棉织物中流行一种被称为标本印花的花卉。标本花样其实就是十分写实的花卉图案，要求把花卉的枝干、叶、花瓣、花蕾、花蕊详细勾勒出来，在构图排列上显得十分规矩整齐，有时采取并列构图，有时采取错位的形式，但在同一画面上，各种花卉的比例尺寸基本一样，色彩一般淡雅柔和，大多以平涂勾线形式表现。

剪影花卉图案

剪影花卉图案是以一种比较概括的手法，将对象的琐碎细节忽略不计，以简单的色彩和块面关系来勾勒画面，形成简约洗练的格调，如图50。

花卉图案，无论写实还是写意，无论采用何种表现手法，通过尺度比例、角度的变化，或与其他题材组成复合花样，都深受消费者的喜爱。不同时期，花卉的流行风格和装饰语言在不断变化。

50

小贴士

在表现花卉图案时，不同的产品领域，图案在表现风格上略有不同，在家居纺织品设计领域，花卉图案一般更细腻写实；而在服饰面料设计中，花卉表现更多样化，有时写实，有时写意，一般更倾向简约时尚的表现手法，如前页图49。中国传统的工笔花卉在构图、造型上非常严谨，是我们今天学习花卉图案表现的典范。

五 植物图案

1. 树形图案

敦煌壁画中的各种千变万化的树形元素为我们提供了较好的树形装饰图案范本。这些树形图案，有的纤细，有的繁茂，有的简洁概括，有的仔细端详，能隐约感受到微风摇曳的灵动感，是我们学习树形图案的系统典范。

2. 叶子图案

中国历来有用叶子图案的传统。汉代的茱萸绣，主要是采用的茱萸叶子元素；唐代的卷草纹，缠枝花图案，也大量采用叶子元素。西方国家使用叶子元素也不少见，17–18世纪的巴洛克图案，其中不可缺少的元素就是象征复活和生生不息的莨苕叶图案。

相对主体的花卉图案，叶子图案虽造型简单，但也不乏丰富的变化，有的纤细，有的宽硕，有的边缘齐整，有的则富有细节变化，以塑造叶子的装饰美感。叶子图案主要是以植物的叶子为创作对象的装饰图案，从木本、草本、藤本，到细小的灌木，再到龟背叶、热带雨林宽叶植物，叶子图案是近年比较流行的元素。在表现上，其有时采用单色平涂的概括手法，有时则是相对写实的手法。近年来，简单清新的叶子图案深受欢迎，从家居壁纸、夏季女装到潮牌帆布鞋、背包，都深受年轻一族的热爱。

51

50 剪影花卉图案
51 抽象叶子图案

3. 蔬果图案

果实图案是儿童服饰品常用的装饰题材。相比树形图案和叶子图案，蔬菜果实图案更生动有趣，画面往往由一种或多种果实组成。中国传统纺织品、敦煌藻井图案中不乏果实图案，如葡萄、石榴图案，寓意多子多福，深受劳动人民的喜爱。在世界其他民族中也有表现果实图案的习惯，比如，印度、波斯印花布图案，最喜爱表现菠萝、石榴等图案。

蔬果图案的表现风格多样，可以是勾线平涂，以绚烂的色彩见长，也可以是采用钢笔勾线敷以淡彩。

52

54

53

52　Cole & Son 叶子图案印花布
53　叶子图案系列服饰设计，图片来源Patternbank
54　叶子图案

55

56

55-56 瑞典著名图案设计师Josef Frank的Vegetable Tree系列作品

六 动物图案

1. 动物图案

人类最早的造型艺术是从动物开始的。世界上许多民族都信仰圣兽，我国古代有不少动物被奉为吉祥瑞兽，比如龙凤呈祥、麒麟送子，狮子、老虎都是辟邪瑞兽。因此，动物图案在印花织物上的运用比较常见。在技法表现上，从写实、剪影表现，到水彩或绘画笔触效果，它们的表现形式各不相同，如图57、58、59、60。

57

58

59

60

61

63

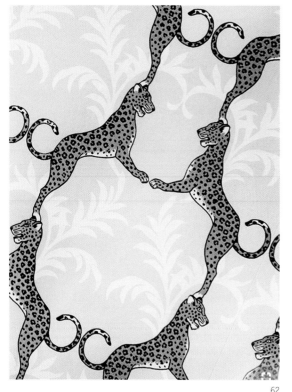

62

64

61　剪影表现风格的动物图案,更显简约时尚
62-63　动物图案
64　Victoria Beckham动物图案裙装设计

2. 海洋生物图案

鱼纹最早可追溯到中国新石器时代河姆渡文化时期的彩陶花纹中各种简洁生动、形象概括的鱼类图案，洗练的笔触勾勒出生动的平面化鱼形图案。鱼类是人类最喜爱的题材，中国人民自古偏爱鱼形图案装饰，从陶器、玉器、青铜器到织物，都不乏各种生动的鱼形图案。鱼同谐音"余"，寓意年年有余，丰衣足食，表达了远古时代人类对美好生活的向往。海洋生物图案应用非常广泛，热带鱼、海龟、海豚、海豹、鲨鱼等海洋生物，都是图案设计师笔下的灵感题材。近年来，设计师手下的各种海洋生物的表现形式更大胆有趣，从平面化拓展到绘画风格，或单色水墨效果，或钢笔速写敷以淡彩，或模拟儿童蜡笔画的效果。

3. 贝壳图案

人类在原始社会就开始用贝壳装饰自己。17–18世纪风靡法国的巴洛克和洛可可艺术，其装饰图案大多将贝壳纹样作为主要的装饰元素，刻意表现贝壳的曲线之美。现代社会，人们渴望和大自然亲密接触，在对探索海底世界的追求中，贝壳以及各种海洋生物纷纷跃出水面，成为各种印花布的主要表现题材之一。

65

66

67

65 贝壳图案
66 卡通风格动物图案设计
67 海洋动物印花布设计

七 鸟类昆虫图案

1. 鸟类图案

和花卉植物图案一样,鸟类图案也是人类最喜欢的图案题材,中国人素有用花鸟虫鱼题材创作的习惯。鸟类作为大自然最美丽的天使,是人们最喜闻乐见的装饰语言。英国新艺术运动大师威廉·莫里斯最有代表性的印花图案作品《草莓与小鸟》,将鸟语花香的自然景致表现得淋漓尽致。疏密有致的构图,明快的配色,堪称图案设计的典范,历经一百多年,应用在服装、家居设计上,仍备受人们的喜爱。美国著名的鸟类画家约翰·詹姆斯·奥杜邦(John James Audubon)的《鸟类圣经》《美洲鸟类》是不可多得的艺术杰作。《美洲鸟类》被誉为19世纪最伟大和最具影响力的著作,不愧是图案创作最完善、最系统的鸟类创作素材。

68

69

70

68 Cole & Son花鸟图案印花布设计
69 鸟类印花图案
70 鸟类图案设计

2. 昆虫图案

在众多的昆虫中，蜻蜓、蝴蝶、瓢虫等小巧灵动的昆虫题材是近年来设计师热衷表现的题材，蜻蜓的翅膀、蝴蝶色彩斑斓的花纹，都是昆虫图案的表现对象。这些有趣的设计题材，无论是散点排列，或是以单独图案的形式和其他元素组合；无论是采用精致的刺绣工艺，还是印花工艺，都惟妙惟肖地呈现了生动自然的昆虫形象。

3. 热带雨林图案

近些年来，为了满足人类对自然的向往，纺织品设计师表现了各种反映森林景色的丛林花样，丛林花样包括各种树木、花草，特别是棕榈树、铁树与各种豹、虎、斑马、长颈鹿，以及鹦鹉等各种鸟类图案。不少品牌纷纷将热带雨林元素作为夏季女装、泳衣图案，深受消费者欢迎。最为著名的是知名奢侈品牌Hermès的热带雨林图案丝绸方巾。

71

72

73

71　Orla Kiely手袋设计，刺绣昆虫图案和抽象格子花朵图案相映成趣
72　蝴蝶图案女童连衣裙设计
73　植物与蝴蝶图案印花布设计

八 人物图案

人物图案虽不如花卉或动物图案那么常见，也是人们乐于表现的题材。中国宋代，在陶瓷、织物等装饰上不乏各种"婴戏纹"，"孩儿攀枝图"是宋代最常见的图案，定窑还有著名的以儿童形象为造型设计的孩儿枕。因此，使用人物图案作为装饰题材的习惯由来已久。到了明清时期，有以著名的"百子图"为题材的锦缎被面，以托物言志的表现手法，表达了人们追求"多子多福"的美好生活愿景。中国古代敦煌壁画藻井图案中，也有许多的飞天、供养人形象。

18世纪欧洲的装饰艺术也十分流行人物装饰图案，最富有代表性的莫过于法国的朱伊印花工厂生产的朱伊花布。朱伊工厂设计的印花布，以写实的手法来描绘人物形象，或单色素描，形象勾勒出在磨坊、农场劳作的农夫农妇，或用甜美柔和的色彩描绘在庄园中小憩的贵妇人，表现美丽的法兰西田园风光，细腻精致，颇有法兰西的优雅高贵气息。朱伊工厂还设计了许多有"中国风图案"的印花布，其中不乏身着中国古典装束的人物形象。

74 植物与人物图案结合的手袋设计
75 时尚人物印花图案
76 植物与人物结合的抽象现代图案，简约而不乏时尚

小贴士

表现手法上要打破传统的局限，用概括的手法，忽略细节，强调装饰效果，是现代人物图案的表现特点。其一般用来作为男装或儿童的衬衫图案，人物图案一般比例尺度较小，采用散点排列的构图，或与其他元素结合，如图76。

九 肌理图案

1. 肌理图案

世界上没有两片相同的叶子，在大自然中，生生不息的万物，都有着奇妙无比的肌理。动物的毛皮纹理，鸟类的羽毛纹，树木的木纹，植物叶片的脉络，自然界的物质千姿百态，肌理形态也各不相同。

肌理，来自仿生艺术，模拟自然界的纹理形态，如大地皲裂的纹理、树皮、年轮。早在中国古代，古人就深谙自然肌理的装饰美，比如，宋代哥窑瓷器的冰裂纹、秦砖汉瓦的压纹、钧窑瓷器的窑变的色晕变幻，就是对自然肌理的装饰艺术的最好解读。

为了美化生活，在仿生学的启示下，设计师用仿生设计理念，设计创作了逼真的人造动物毛皮、木纹、石纹、云纹、水纹等各种千变万化形态各异的肌理纹样。随着科学技术的飞速发展，人们对自然肌理的模拟从宏观世界深入到微观世界，设计师甚至将显微镜下的生物细胞、微生物的结构变为设计素材，使得肌理表现艺术更丰富多彩。

2. 迷彩图案

自然界的许多生物为了避免成为敌人的猎物，在表皮敷有一层足以隐蔽和保护自己的色彩，色彩一般与植物或土壤的色彩相近，这就是动物的保护色。迷彩图案就是从仿生学发展而来，我们常见的坦克、帐篷、军服面料都采用这种图案。迷彩图案以不规则的色块为基本图案，在浅棕或浅土黄的底色上印上棕色、墨绿或黑色的色块图形。

3. 墨流花样

墨流花样是一种传统的湿拓画，其实也是一种肌理图案。将毛笔蘸取颜色在水面作画，轻轻滴落在水面的颜料渐渐随水波晕开，等到水上图画完成后，将白纸盖在上面吸取颜料，然后再将纸慢慢抽离水面，这种神奇的"水中画"就是土耳其奥斯曼时期的传统艺术。湿拓画在14世纪经丝绸之路从伊朗传入安纳托利亚，流传到了奥斯曼土耳其，并在奥斯曼帝国发扬光大。这种古老的作画方式起源于东方的中国，后经丝绸之路流传到西方。墨流图案抽象而不乏时尚气息，可作为服装面料图案、家居纺织品图案。

77 墨流花样
78 墨流图案家居纺织品设计

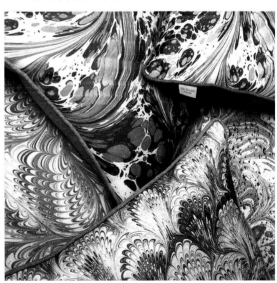

4. 羽毛图案

羽毛在人类历史上一直是十分重要的装饰品。美国西部印第安人常用羽毛来装饰服装或头饰，南太平洋岛屿国家的一些居民也有用羽毛头饰来装饰的习惯。在现代服饰图案设计中，羽毛经常在印花图案中出现，作为印花面料、丝绸方巾图案。

5. 动物毛皮图案

动物毛皮图案主要指模仿虎纹、豹纹、斑马纹、蟒蛇纹以及鳄鱼皮纹理的图案。它的出现一方面是因为流行趋势的变化；另一方面则是因为受世界动物保护组织的深刻影响，动物毛皮图案颇为流行。近些年来，蟒蛇图案、鳄鱼皮图案风靡一时，许多国际大牌纷纷采用蟒蛇图案来作为皮具、女鞋甚至印花服装图案。

79

80

81

79-80　英国Liberty羽毛图案方巾设计
　81　豹纹图案女装面料设计

十 模拟图案

1. 扎染图案

扎染，也称绞缬，是一种古老的手工防染印花技术。其按照图案设计的花纹，通过将面料捆扎、缝制、折叠等各种手法进行防染，而后浸入染缸染色，染色后取出拆去扎线，得到各种变化不一的图案和色晕效果。扎染图案以抽象与写意为特色，不同的扎染方式形成不同的图案风格。中国、印度、日本、印度尼西亚、非洲等国家和地区都有各具特色的扎染工艺。一些精细的图案可以通过针线缝制防染的方法得到，扎染图案由于靠近扎线部分防染效果好，远离扎线部位防染效果差，这样就产生了深浅不一的色晕，加之扎结过程中织物产生不同的褶皱，所以染色后带来各种意想不到的图案纹理。

扎染是一项耗时费力的手工印染工艺，其手工制作特点的制约，限制了生产效率。由于纺织技术的发展，扎染图案已经可以用机印工艺生产，应用于T恤等针织服装，其独特的艺术效果备受国内外消费者的喜爱。

小贴士

如何将现代时尚理念与传统手工技艺结合，将时尚设计元素与传统扎染技艺融合，开发适合不同年龄、不同层次现代消费人群的艺术扎染服饰产品，是值得设计师关注和思考的课题。

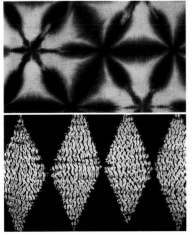

82-84　扎染女装图案设计·

83

82

84

2. IKAT图案

IKAT也称为扎经织物,是一种十分古老的梭织纺织工艺。IKAT纺织工艺流传很广,中国的新疆、乌兹别克斯坦、泰国、印尼、菲律宾、中东和南美等国家和地区都有独特风格的IKAT扎经织物。

IKAT是一项非常复杂的纺织工艺,它是先将经纱手工染色,然后再上机织造。一幅有精细花纹的扎经织物往往要花上几个月的时间来制作,因此,IKAT织物也是非常名贵的纺织品。由于扎经织物工艺复杂,费时费力,生产成本高昂,售价自然也不低,于是模拟这种织物的印花布就出现了。模拟这种图案不能忽视原有图案的风格,即面料特有的闪光和律动感。IKAT图案主要是以古老的民间图案为母题,以传统的几何图案为主,即使是植物纹样或鸟兽等动物纹样,也多以直线条等几何结构组成,边饰花纹与条形花纹在扎经织物中应用得非常广泛。

85　　85-87　IKAT图案设计

88

89

3. 十字绣图案

十字绣在欧美国家应用十分广泛,自从辊筒印花技术出现后,十字绣在欧洲开始被应用于印花布。在我国民间,特别是少数民族地区,被称之为"挑花"的传统纺织技艺其实就是十字绣。相较于欧美的十字绣,我国民间的"挑花"工艺更为精致,色彩更为丰富华丽。将十字绣针法图案和花卉等其他图案组合在一起,作为女装或童装面料图案,更显雅致。

无论是刺绣图案、提花图案、针织图案、十字绣,还是蕾丝图案,这些工艺生产的面料比印花工艺都要复杂,现代纺织技术的发展使得设计师的设计表现力更多样化。用印花工艺模拟刺绣等其他工艺的花样,深受消费者的欢迎。

4. 蕾丝图案

蕾丝图案主要由网状或罗状组织组成,它能加强服装的装饰效果,现代服装印花面料中常常出现模拟蕾丝图案的印花花样。仿蕾丝图案的花样要求有蕾丝织物的纤细感,用细线条画出网状、罗纹状或菱形编织纹样,再用较粗的线条勾出如刺绣状的花纹。蕾丝图案题材以蔷薇、巴洛克、洛可可以及蝴蝶结丝带组成。将蕾丝图案印在细腻的薄棉织物上,可作为女装夏装面料。

5. 绳纹图案

绳纹图案最早出现在原始社会的陶器上,古人将陶坯制成后,用绳子在陶坯上按压,留下绳纹痕迹。绳纹作为印花织物花样使用最早出现在欧洲,主要把绳子打结,或绕成各种造型构成花样的元素。近年来,欧美女装及丝巾等服饰配件上采用绳纹元素,并且常常和铁锚、罗盘等航海元素组合在一起,作为印花面料图案。

90

91

十一 蜡染花样

1. 中国民间蜡染

蜡染是一种古老的民间传统印染工艺。中国传统蜡染是用蜡刀和笔，蘸蜡在布上描绘图案，然后浸染，以蓝底白花或白底蓝花为图案特色，因为涂蜡部分不能附着染料而显花，在染色过程中不断搅动布料的，附着在面料上的蜡块破裂，染液顺着裂缝渗入，产生质朴雅致的冰裂纹。蜡染在云南、贵州两省的少数民族地区极为流行，细腻典雅的蓝白蜡染图案体现了少数民族女性的智慧。

纯手工制作的蜡染印花布因为耗时费力，难以大量生产。仿蜡印花布在图案设计上模仿手绘蜡染印花布的图案风格和特点，采用普通辊筒印花工艺生产。

2. 非洲蜡染图案

非洲蜡染在长期的生产过程中形成了不同于其他国家和地区的风格，具有活泼奔放、粗犷浑厚的特点。图案一般以热带植物为主，大多是经过概括和提炼的变形或抽象的花卉图案。动物图案则以写实手法为主，包括鸟类、动物和海洋生物图案，飞翔的燕子经常被采用，公鸡图案是常见的题材，鹌鹑图案也是颇受青睐的题材，走兽以长颈鹿、斑马等非洲草原常见的动物为主。几何图案和中国传统的几何图案有相似之处，有圆形、菱形以及回纹、雷纹、米字纹等，还有如陶器、雨伞、人物等风俗图案。

西非蜡染图案有个十分奇特的风格特点，就是刻意造成上下套色脱版、图案微妙错位，塑造立体感。这种做法可以起到渲染手工艺术痕迹的效果，强调地纹处理，地纹主要由散点排列的细密碎小点纹、丁字纹或小圆圈组成。

3. 爪哇蜡染花样

爪哇蜡染花样是世界上最著名的蜡染印花布，产于印度尼西亚爪哇岛。印度尼西亚得天独厚的气候、水源等条件，使它有可能成为世界上最上等的蜡染面料生产国。爪哇蜡染花样较多采用植物纹样、动物纹样和几何纹样，如水牛、鸟、人物、莲花，以及以几何为主体的装饰图案，这些元素经过变形概括，极具装饰美感。爪哇蜡染花样除了在非洲拥有极大的市场外，同时享誉世界时尚舞台，近年来，世界知名服饰品牌纷纷采用爪哇蜡染花样作为服饰图案，如美国著名服装品牌Ralph Lauren就曾将爪哇蜡染花样应用于女装设计。

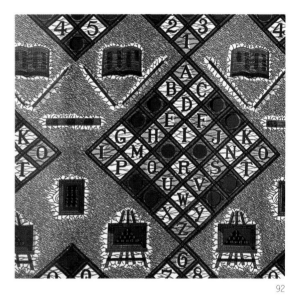

92

93

92　非洲蜡防印花图案
93　爪哇蜡防花样印花布

十二 现代图案

1. 杜飞图案

劳尔·杜飞（Raoul Dufy）是一位法国画家，他擅长风景和静物画，早期作品受印象派和立体派影响，以野兽派的作品著名。其作品色彩艳丽，装饰性强。除了绘画，杜飞还从事织物印花图案设计，为服装设计师Paul Poiret和法国里昂的纺织品公司Paris Fabric House设计和印制服饰面料。尽管杜飞是一位画家，但他也对现代艺术的活力和表现力产生了巨大的共鸣。

杜飞独特风格的花样被称为"Dufy Design"，杜飞设计的图案有动物和人物图案，但比较而言，杜飞的写意花卉图案更引人注目。一系列大胆的花卉设计，用大胆洗练的笔触、恣意挥洒的平涂色块，勾勒出写意的轮廓，色彩明快，具有强烈的装饰效果。杜飞图案在20世纪50年代风靡一时，70年代又再度流行于国际时装舞台，无论是作为时装面料或家居壁纸图案，都深受欢迎。

2. Orla Kiely风格图案

Orla Kiely是英国著名的图案设计师，后创立了品牌Orla Kiely，其图案设计以现代的造型和缤纷色彩著称。Orla Kiely品牌拥有超过150种图案和产品，20世纪90年代设计的"Stem"是品牌标志性的图案，该图形被应用到马克杯、连衣裙、笔记本甚至是汽车装饰图案。除了早期的"Stem"图案，标志性的"梨"和"花"图形设计，以清新典雅风格风靡时尚界。Orla Kiely每年都推出2套独特的印花设计，在手袋、女装、马克杯、壁纸以及灯罩等商品上使用，其程式化的图案极具创新性、影响力和识别性。Orla Kiely强调装饰和色彩在我们日常生活中的作用。这种设计风格和图案模式在世界各地引起强烈的共鸣，特别是其独特的色彩设计值得我们学习。

94-95 Raoul Dufy设计的单色花卉图案
　96　Orla Kiely图案

94

95

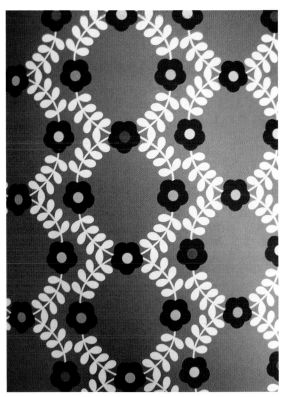

96

97 Orla Kiely标志性的"Stem"图案，作为马克杯、背包、雨伞以及服
　　装图案被广泛应用
98 数码印花风景图案女装设计
99 田园风景图案

3. 风景图案

风景图案是以世界各地的自然和人文景观为题材的图
案。目前流行的风景图案以自然风景和建筑等人文风
光为主，自然风景一般以反映热带海岛风光的题材居
多，通常以海岛棕榈树、椰子树等为主要题材，还有热
带花卉等。人文风情一般以反映世界各地的建筑居多，
也有标志性的景观，比如，法国的埃菲尔铁塔、日本的
富士山、荷兰的风车、英国的古堡和双层巴士等。随着
全球化进程加快，人们越来越渴望探索世界各地不同
的人文风光，有明显地域特色的风景图案越来越受到
消费者的喜爱和关注。风景图案色彩较为丰富，数码印
花的快速发展为摄影风格图案提供了更多的可能性，
复杂的风景图案不需要分色制版就可以印制，近些年
来，数码摄影风景图案被应用在服装、箱包配饰设计
上，来打造清新时尚的感觉，如图98。

4. 建筑图案

18世纪欧洲印花布表现的田园风光、庄园景色以及中国的亭台楼阁,是建筑图案设计的典范。20世纪80年代初,欧美国家流行建筑图案,主要表现自然风光,应用类似几何图案的表现手法,主要以马赛克式样的正方形、长方形的几何色块组成,仿佛缩小了的蒙特里安的绘画,酷似一组色彩的交响乐。

近些年建筑图案又重回我们的视野,表现形式更多样化,比如用速写线条表现世界著名的金门大桥,或是古典欧式建筑、中式园林建筑等。

100

101

5. 视幻图案

视幻图案是在大量平面构成图形的基础上,逐渐发展到用计算机设计创作类似立体构成的图案。这种图案以密集多变的点线排列,组成有光电感甚至动感的面,从而在视觉和心理上给人以奇幻的意象。就像万花筒中的世界,不同形态的点线面构成的单元,一旦自然有序地铺排开来,就形成了有着不同层次、空间感的错觉效果。

6. 马赛克图案

马赛克即镶嵌艺术,它是一种古老而流传广泛的艺术,我们能在古代罗马的建筑装饰中发现马赛克图案,在古代壁画中也可以发现丰富多彩的马赛克装饰图案,它丰富了印花图案的艺术宝库。如今,图案设计师们把平涂的色彩分割成小块色片,用碎裂化的小块色片来组成花卉、动物以及几何图案,这样的图案花样被称为马赛克图案或彩色玻璃图案。

102

100 Cole & Son建筑图案壁纸设计
101 以教堂彩绘玻璃窗为元素的英国印花布图案
102 视幻图案

十三 抽象几何图案

1. 几何图案

法国印象派画家塞尚认为："几何体是世界上一切形体的基础。"的确，几何形与我们的日常生活，特别是生活中的图案艺术有着密切的关系。我国古代的彩陶图案、青铜器图案、瓷器图案等都是以几何或几何构成形体为主。在现代社会，几何图案在服饰图案中显得越来越重要，特别受年轻消费群体的喜爱。

2. 格子图案

彩色格子图案是由苏格兰格子和色织格子花型发展而来的一种常见图案，色彩强烈，格子形状可分为正格或45度斜格，是制作女性衬衣、短裙和西装外套的极好花型。格子图案也是英国知名奢侈品牌Burberry擅用的设计元素，从围巾、手袋到服装，它几乎成了Burberry的时尚标签。

3. 条纹图案

条纹图案是世界上运用最早、最广泛的纺织图案之一，人类学会纺织就开始用色织的工艺织出各种各样的条纹花样，世界上差不多每一个民族都有本民族特色的条纹图案，例如色彩强烈的非洲条纹、采用蓝色和褐色组成的阿拉伯条纹图案。在条纹图案中，最具代表性的要数水手条纹（sailor striped）图案，一般为4毫米左右的单色条纹图案。在20世纪80年代，欧美国家常用它来作为衬衣、连衣裙面料。近年来，条纹图案的流行风潮越演越烈，热度不减。水手条纹图案是Polo Ralph Lauren、Tommy Hilfiger等高端品牌常用不衰的标志性元素。

随着流行趋势的不断变化，水手条纹被各大品牌演绎得更富有层次和质感。比如，水手条纹和花卉结合的印花图案，在印花或色织水手条纹卜叠加花卉刺绣图案非常流行，条格图案与花卉等其他元素组合，避免了单调乏味感。

4. "千鸟格"图案

"千鸟格"为苏格兰粗纺格呢的一种织纹，千鸟格花纹为苏格兰高地"牧羊人"所喜爱的一种格纹，由此而得名。在日本，这种格子图案被称为"千鸟格"，因为它的形状很像海边沙滩上飞翔的海鸟足迹。19世纪初，英国绅士开始用这种格呢面料制作裤子。以后，又在女装中流行起来。如今，千鸟格纹也用于印花工艺，格纹的比例尺度和表现形式也在不断发生变化，丰富了印花图案的题材。

十四 补丁图案

补丁图案源于欧美国家流行的古老拼布绗缝工艺和中国民间的"百衲衣""水田衣"图案，在构图上模仿绗缝拼接的形式，把花卉、格子、条纹等图案按块状有规律排列在一起，并在块面交接处模仿手工拼缝的针脚，形成丰富质朴的图案风格，近年来，补丁图案应用在女性长裙图案中，在飘逸洒脱中平添了几分乡村怀旧气息。

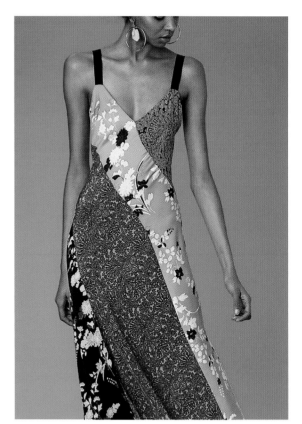

105

104

106

104　Paul Smith条纹衬衫上叠加刺绣花卉图案
105　Diane Von Furstenberg克什米尔图案与花卉图案混搭拼接连衣裙
106　补丁印花女装图案

十五 异域风格图案

如同花卉风格图案可以被看作是人们对田园生活的憧憬，异域风格图案可以满足人们对异域文化的想象。在使用异域风格图案开发产品时，要了解不同国家文化的内涵、宗教信仰、色彩偏好，不要简单地对一些典型文化符号直接照搬照抄。作为一位优秀的设计师，要从纷繁众多的装饰艺术中汲取独特的灵感，用个人的理解对异域图案元素进行重新设计。

108

107–108　Dior异域民族风格女装设计
　　109　异域风情民族风格元素女装图案设计

107

109

十六 混搭图案

混搭图案将各种风格类型截然不同的元素组合在一起，混搭融合各种装饰语言。譬如，将佩兹利花纹与花卉等元素组成一种全新格调的复合图案，或用规则的几何、条格图案与写实或写意花卉图案复合，民族风几何图案与花卉图案穿插复合，这样的复合图案富有异域情调，深受文艺青年的喜爱。在生产工艺上，其一般是直接印花，或是在印花的基础上刺绣散点花卉图案。

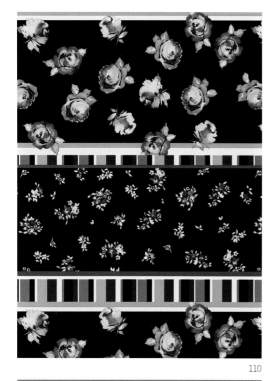

110

111

十七 方巾花样

丝巾是现代女性的重要饰品，用于搭配和修饰服饰，是现代女性必备的服饰配件。如今，全球各大高端服饰品牌为了占领市场份额，配合品牌的系列服饰设计，Coach、Gucci、Chanel、Burbbery等品牌皆有自己的丝巾产品。但世界丝巾中的翘楚，莫过于著名的Hermès丝巾，Hermès融合了精美绝伦的工艺和典雅别致的设计，一款奢华的Hermès丝巾制作周期长达18个月之久，从手绘设计稿到手工丝网印花，只为给客户最完美无瑕的呈现。

近年来，方巾图案除了作为独立的图案设计，也被应用在服装设计上。20世纪60年代流行的北欧民族服装，这类花样应用得非常广泛。近两年来，手帕花样又重新回归我们的视线。欧美大牌纷纷将各种头巾或手帕图案复合在一起，将丝巾图案同时应用在女装设计上，形成系列化的产品设计，如图115、116，Tory Burch将方巾图案应用在裙装设计上。

110　条纹与花卉结合的复合图案
111　民族风丝绸方巾设计_作者: 邓晓珍
112　时尚民族风丝绸方巾设计_作者: 邓晓珍

112

113

114

113-114 Knotty Scarf 丝绸方巾

115

117

116

118

115-116 Troy Burch手帕花样女装设计

117-118 方巾图案印花女装

十八 插画风格图案

插画是一种艺术形式，作为现代设计的一种重要的视觉传达方式正在成为现代服饰图案设计的装饰语言之一。插画具有一定的故事情节和叙事场景，以其直观的形象性和活泼的视觉感染力倍受年轻群体的喜欢，被广泛用于现代设计的多个领域。不管是随意率性的涂鸦风格还是深思熟虑的绘画主题，插画风格都不失为一种新颖的图案创作装饰语言。

以上图案的风格与类型不能包含印花图案的所有分类。技术与生活方式的不断变化，将直接影响印花图案风格流派的变化，各种社会思潮、国际纺织品流行趋势变化将直接影响印花图案的题材表现，印花艺术设计的题材元素将越来越新颖多变，技法表现将越来越丰富多样。

119

小贴士

1. 对一名服饰图案设计师来说，最重要的建议是什么？

对设计师而言，自然界的万事万物、传统纺织工艺和技术都是我们汲取设计灵感火花的源泉。从本质上讲，时尚界是快速发展的，并且一直在变化，设计师应遵循自己的设计理念，建立属于自己的个人品位和格调，追求独一无二，而不是拘泥于某一种风格进行设计。

2. 怎样创作不同风格的服饰图案？

对表现题材的无限想象，是独特创新的前提。服饰图案设计不同于家居纺织品图案设计，与家居纺织品图案相比，服饰图案是更个性化的行为。尤其是在快时尚的时代，产品周期越来越短，人们渴望与众不同，求新多变是消费者的主要消费诉求。如果客户对设计风格定位没有明确的限制，那么在题材表达上就应该博采众长。

要想创作不同风格的作品，要时刻关注不同风格、不同品牌的作品，关注时尚趋势和最新设计动态。

在设计不同风格的产品时，必须清楚产品的风格定位与客户的需求。如果客户需要一种特定风格的设计，设计师就必须去了解同类风格的产品设计，或者从类似风格的艺术或设计作品中寻找灵感元素。找寻灵感非常重要，我们应不限于纺织品印花图案资源，而应该从自然、绘画、艺术、建筑等各方面汲取灵感火花。

3. 注意设计版权

设计师为了工作便利，一般都积累了个人的图案资源库，在百度、海报网、Pinterest等资讯网站可以轻松获得相关的图案资料。设计师要特别注意所使用的图案是否存在侵权的可能。避免侵权的最好办法就是不要直接使用他人的图片。我们可以借鉴他人设计作品的风格、色彩以及技法表现，但在作品的创作上要确保个人原创设计。

120

121

120-121 时尚印花女装

05

第五章 服饰图案的布局与构图

服饰图案设计的布局和构图，也是图案的组织形式，在图案设计中非常重要。图案在画面中的安排，花与地的关系，色彩与形态的关系，比例尺度、空间疏密关系等，这些都是图案布局和构图要充分考虑的因素。通常我们把画面中的纹样称之为"花"，把背景底色称为"地"，所谓布局，就是花与地的关系。纺织行业多年积累的经验，形成了一些相对程式化的模式，这些经验值得初学者学习借鉴。

一 图案设计的构图布局形式

图案的布局是服饰图案设计中重要的一个环节。根据花纹图案在整幅画面中所占的面积比例关系，我们可以基本将画面的布局归纳为满地构图布局、"地清花明"布局、散点排列布局、"花"与"地"适中的构图布局。根据图案的结构关系以及在服装服饰上的应用部位和装饰风格，构图可以分为单独图案布局、连续图案布局和适合图案布局。一般来说，单独图案的布局比较随意和常见，一般在T恤、帽子、书包上比较常见；连续图案一般应用在袖口、裙子的边缘作装饰；适合图案一般在头巾、手帕等产品设计上居多。具体的图案布局方式如下：

1. 满地构图布局

满地布局指图案中"花"占据画面的整个或绝大部分空间，这种构图布局是比较常见的布局形式，画面图案元素一般排列比较紧凑密集，基本只露出较少的背景底色，甚至花纹排列非常满，将背景底色完全遮盖。满地构图的布局可以产生丰富华丽的艺术效果。满地布局的构图关系比较常见，在女装和童装面料中应用广泛，尤其多出现在裙装印花面料的设计中。

01

02

01 英国Liberty印花公司设计的"满地构图布局"印花布
02 满地布局花卉植物图案
03 "满地构图布局"女装印花面料
04 "满地构图布局"儿童印花裙设计
05 "花"与"地"适中的构图

03

2. "地清花明"的构图布局

"地清花明"的布局指图案中"花"占据画面空间的比例较少，即图案以外，画面中的"地"空间较大，这种图案布局的特点就是"花"和"地"关系比较分明，画面疏朗，花与地的关系一目了然。这种"花"与"地"关系非常明确的构图布局，对基本单元图案的造型以及画面构图布局要求较高。

3. "花"与"地"适中的构图布局

"花"与"地"适中的构图布局也称混地布局，混地布局是一种比较折中的构图布局方式，图案中"花"与"地"占据空间比例大致相等。这种布局看起来比例适中，画面效果富于变化，所以应用也比较广泛。

4. 散点排列的构图布局

散点连续布局分为有规律的散点布局和无规律的散点布局两类。散点布局在印花服饰面料中应用广泛，画面构图灵活自如，花纹尺度可大可小，花纹间距可疏可密。在基本循环单位内，其可以是一个基本形元素进行循环，也可根据画面需要放置数个不同的元素，以成组的基本形进行循环，花纹的布局可以十分随意。散点布局主要有两种形式。

04

05

有规律的散点排列

常用的散点元素大多为花朵、动物、几何形等,有规律的散点排列使画面产生强烈秩序感,要求色彩协调,构图舒朗有致。

06 有规律的散点布局构图,通过错位排列使画面更富有节奏感,图片来自WGSN

07 随意排列的散点布局构图,错位排列使画面更富有节奏感,图片来自WGSN

08 自由散点排列布局的印花图案设计

09 同面散点布局图案

自由散点排列

自由排列的散点构图方式,与有规律的、整齐划一的散点排列相比,更富有动感和节奏,特别是通过改变元素的比例大小,以多个元素成组进行排列。如图,画面中不同大小的花与花骨朵成组排列,形成很随意的布局,画面更显生动自然。

06

07

08

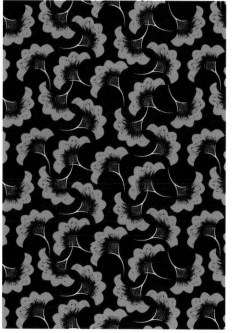

09

小贴士

散点排列构图是一种常用的图案构图形式，无论是女装、男装衬衫、童装等，对初学者来说，这种画面排列是一种非常易于掌握的构图布局形式。散点排列构图简单，通过练习容易熟练掌握。值得注意的是，由于散点排列的构图，画面元素比较简单，容易产生单调的感觉，可以通过一些技法来使画面效果更丰富，比如，通过改变元素的比例大小来增加画面的动感；也可以通过与条格、底纹等组合来进行复合设计，增加画面的层次和节奏感。

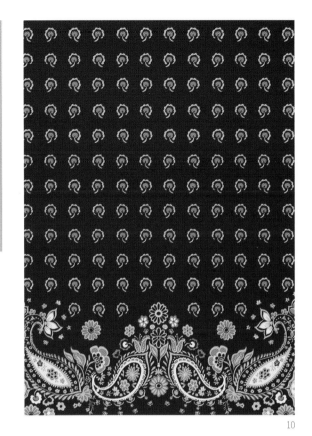

10

11

10-11　民族部落风格题材元素，通过散点排列构图，更富有时尚感

5. 簇状构图布局

在基本单元图案中只安排一个基本纹样元素会显得单调，初学者需要学习尝试在一个基本循环单位构图中放入3~6个不同的元素，这就是簇状布局构图。画面中基本单元母题元素按组排列，有主有次，按照主次关系排列组合，簇状结构的排列使画面疏密有致，虚实对比，画面丰富，富有变化，节奏层次感强。

小贴士

簇状布局的构图虽然丰富，生动自然，画面层次感强，但需要注意的是，簇状布局的构图，因为基本单元图案中元素多，在进行循环接版时，有一定的难度。特别是如果采用平接的方法，处理不当，画面中容易产生明显的垂直或水平的缝隙。因此，在进行循环接版的时候，要分析基本单元图案的布局结构，根据基本单元图案的特点选择不同的接版方式，并且在进行接版的时候，需要随时调整修改基本单元图案的结构、大小和疏密关系等。

12

12 簇状布局构图图案

13

14

13 簇状布局构图印花图案
14 簇状布局构图图案

15

16

15 簇状布局构图童装印花图案
16 簇状布局构图印花图案

6. 藤蔓连续构图布局

藤蔓连续构图布局是一种非常自如流畅的构图形成，花与叶以枝干为骨架填充画面空间，花枝与花朵相互穿插布局。波状富有动感的S形曲线作为画面的骨架，画面效果灵动，节奏感强。

中国自唐代开始一直盛行的缠枝花图案，是典型的藤蔓构图布局，印度印花布图案、波斯图案也大多以藤蔓构图布局为主，繁缛华丽。

最有代表性的莫过于现代印花图案设计之父威廉·莫里斯的印花图案设计，莫里斯图案构图上基本上以藤蔓连续构图为主，构图严密而富有强烈的动感，堪称自然与样式的完美统一，是我们学习藤蔓构图布局花卉图案的典范。

17　藤蔓连续布局印花图案
18　服饰图案设计中正负形的应用

二 服饰图案的构图技巧

1. 正负形的巧妙应用

图形设计中形体和空间是相辅相成，互不可分的。二维平面空间中空间与形体的基本形通过一定的形和轮廓边界得以体现。我们将形体本身称为正形，也称为图；将其周围的"空白"称为负形，也称为底。在平面空间中，正形与负形相互作用，一般情况下，正形是向前的，而负形则是后退的。形成正负形的因素有很多，在图形创作中，我们习惯把精力花在正形的刻画上，而容易忽略了负形。事实上，负形也起着至关重要的作用，如果负形过于琐碎会削弱正形的完整性。画面中出现的任何元素都是一个整体，"经营"好画面的完整性，才能完成一幅构图完美的画面。

在构图设计中，要学会审视和处理好正负形的关系，处理正负形的常见手法有：

17

18

图形的边线共用

当正形与负形相互借用图形的边线时，我们称之为边线共用。因为共用边线，正负图形各不相让，正是由于这种抗衡与矛盾的关系，使图形得到了艺术化的处理和巧妙的装饰效果。

图形的图底反转

图底反转一般以几何抽象形为主，图与底存在一种对比、衬托之中产生出来的视觉关系，我们在体会到这种视觉效果时，更感受到一种隐藏在图形中的奇妙智慧。通过巧妙地运用结构线和色彩搭配，图与底可以转换，互为图形，如图21、22。

19

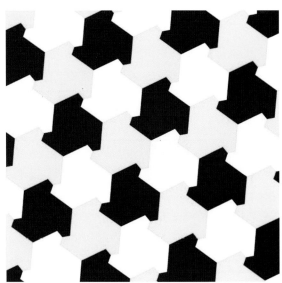

21

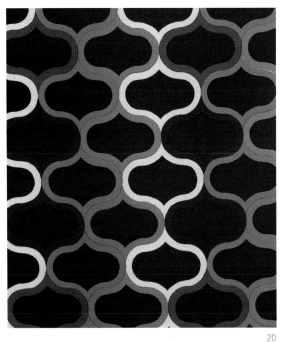

20

22

19　平面图形中的边线共用形成构图严密、连续循环的图案
20　图形中的边线共用形成连续循环的图案
21-22　图案设计中的图底反转

23

25

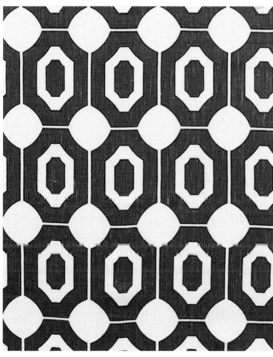

24

26

23-26 图案设计中的图底反转

2. 改变母题元素的比例

同一设计母题，改变大小尺度在画面中进行重新排列组合，可以获得不同的视觉效果。计算机辅助设计为图案创作提供了更多的可能性，设计师完成基本元素之后，通过改变比例大小、角度等对基本元素进行重新排列，按自己的想法对母题元素进行各种变化设计，改变同一母题元素的方式可以多样化。

同一构图的尺度比例变化

在一幅图案设计画面中，为了避免画面的单调乏味，增加画面的层次感和细节，同一个母题元素，仅仅改变元素的比例大小、角度、色彩，就可以营造画面的层次感。

27

28

27-28　同一母题元素在构图中比例尺度的变化

不同画面构图中的尺度比例变化

设计师通常完成一幅图案作品后，通过改变比例大
小，改变色调，来完成一个系列化的图案设计。例如，
将一幅图案作品在尺度比例上稍加改变，应用在不同
的产品设计上，可以产生较强的系列感，这也是一种
比较经济的产品开发方式。如图29，Tory Burch的同
一款几何图案，改变比例和色彩，分别应用在女装和
手袋设计上。

29

30

29　Tory Burch的同一款几何图案应用在女装和手袋设计上
30　Topshop女装设计，波点图案改变比例大小应用在女装设计上

比例尺度变化与画面风格

随着时代的变化，服饰图案的设计风格和审美发生了巨大的变化。20世纪80年代，在审美上会特别考量服装和纺织图案的造型、表现技法。而现在，就服饰图案的设计来说，色彩一般是首要因素，而造型、比例尺度、元素搭配以及表现技法会更随意。同一元素，仅仅是比例缩小或扩大，视觉效果会完全不同，这也是时代变化和流行趋势带来的审美改变。

不同于家居和室内纺织品设计，对服饰面料设计而言，同一元素，以植物或动物主题为例，有时，比例尺度具有神奇的力量。同一元素，采用不同的比例进行排列布局，在画面风格和视觉效果上有时会产生非同寻常的效果，如图31，将建筑图案缩小比例，进行密集的排列构图，产生一种简约时尚的装饰格调。

小贴士

除了构图上的比例变化，作为一个合格的服饰图案设计师，在图案设计上，脑海中一定要明确图案在最终产品中的比例关系和尺度感觉。图案比例大小是否合适，要放在实际产品中才能明确。创作工作伊始，进行画面构图时就应该有实际尺度的概念，设计稿完成后，要打印1:1图案小样，将图案放置在产品上，感受图案在产品上的实际比例和尺度概念。

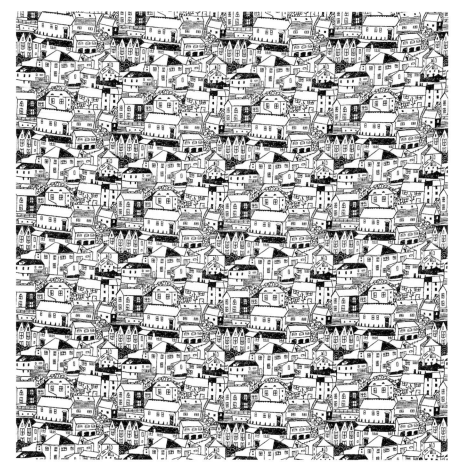

31

31　建筑图案缩小比例重复排列构图

三 图案的循环与接版

图案的接版一般俗称接回,是指连续型纹样的单元图案之间循环连接的方法。因为服饰面料以整匹生产为主,一个连续图案必须通过接版实现无缝连续才能满足工艺生产的要求,辊筒印花才能连续不断地生产印制。因此,一个基本单元图案,必须通过接版实现连续循环才算最终完成。四方连续是将一个循环单元的图案,向上下左右四个方向无限连续延伸的图案布局和排列方式,这种连续形成富有韵律的动态美感。

1. 连续图案的接版方式

平接

平接,是一种块状循环结构,即将单元基本图案上下左右相接,纹样沿水平与垂直方向重复延伸。在使用平接方法时,安排画面要避免过于明显的垂直和水平方向。设计过程中需要合理安排并适当调整设计元素,巧妙地隐藏重复单元图案之间的缝隙和界限,随时调整画面的结构和层次关系,避免个别元素过于突出。

32

小贴士

平接是一种易于掌握的循环接版方式,如图32,将左图的基本单元图案,上下左右平移。为了方便初学者理解,图中使平移、重复部分的色彩比画面中心部分的基本单元图案的色彩浅两个色阶。

32 英国知名品牌Orla Kiely的标志性图案"stem",采用平接循环接版方式

跳接

跳接，俗称二分之一跳接，也称之为斜接或错接，主要适用于印花工艺中。跳接的循环单元尺寸是根据印花网版的尺寸来确定的，如机印花布的辊筒圆周为46厘米，需要安排4个循环单位图案，则每个单位循环图案的长为11.5厘米。图案的长受辊筒的周长限制，而宽度则可以根据花型来确定。二分之一接回图案的视觉效果表现为，单元图案的垂直方向延伸不变，但左右延伸呈三角形排列，相对于平接方式，二分之一接回方式富有动感，是大多数图案设计师偏爱的构图方式。如图33、34，完成基本单元图形后，假设将图形一分为二裁开（分为A、B两部分），重复循环时，上下垂直方向平移即可，但左右方向则是错位移动，右上角（A点）和左下角（B点）相接，图案中A、B两部分呈三角形跳跃排列，富有节奏和动感。

以英国著名品牌Orla Kiely为例，Orla Kiely原是英国著名的图案设计师，是现代印花纺织品的领导者，独特的图案风格已经成为其品牌标志。Orla Kiely采用的设计方法非常简单有效，只用一个简单的主题元素，但基本都是用二分之一循环接版方式。简约的图形，因为画面的反复延续，产生了强烈的节奏和律动感。

图案的循环接版非常重要，如果是丝网印花，必须保证图案的循环接版非常准确，这样才能使印制的时候对版准确，让图案非常流畅地印制在织物上，否则会因为对版错位产生不必要的瑕疵和次品，造成生产浪费。

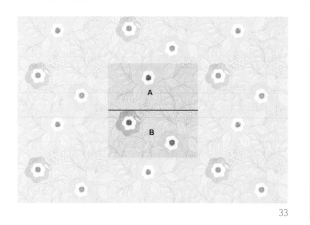

33

小贴士

平接或跳接，无论采用哪种循环接版手法进行图案的重复连续，都要避免在单元形的拼接处出现明显的缝隙。有经验的设计师在基本图案的创作过程中，会考虑采用哪种接版方式，以及拼接之后的画面效果。完美的接版也是图案设计成功的一半，所以，建议不要等基本图案完成之后才考虑循环接版，而是在构图开始，就初步设想循环接版之后的画面效果。

34

33 采用二分之一跳接方式的花卉图案
34 采用二分之一跳接的图案循环方式

成功的时尚服饰品牌通常会用不同的手段和方法来设
计独特风格的图案。以来自英国伦敦的著名时装品牌
Orla Kiely为例，Orla Kiely可谓是现代印花纺织品的领
导者，特定的波普风格印花加上绚烂的色彩已经成为
其鲜明的品牌标志。Orla Kiely一般只用一个简单的植
物主题元素，但大多采用二分之一循环接版方式。如图
37，左图为Orla Kiely著名的 "stem" 图案，采用平接方
式，右图太阳花图案采用二分之一循环接版方式。

35–36　Orla Kiely时尚印花图案
　　37　Orla Kiely简约时尚的印花图案

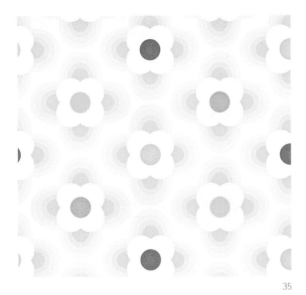

35

36

37

2. 手绘图案的二分之一跳接方法

计算机辅助设计使我们的图案设计工作更便捷高效，我们可以在Adobe Photoshop等软件上完成图案的循环接版，反复练习，达到最好的画面视觉效果。

传统手绘图案的二分之一跳接，具体的接回方法通常是裁切法和卷折法。

裁切法

裁切法对初学者来说相对容易，即在图案纸上将定稿的基本单元图案以水平方向一分为二将画纸裁切为两半，然后上下左右挪动画纸来重复循环图案。

小贴士

对于一个有经验的服饰图案设计师来说，基本单元图案的创作和重复循环接版这两个步骤实际上是同时进行的。采用哪一种接版方式和图案基本型也有很大的关系。简单的构图，采用二分之一接版方式，可以使画面更丰富而富有节奏感，而如果基本单元图案构图比较丰富，则可以用简单的平接方式。

38　二分之一循环接版方式，简单的图案可以产生律动感

卷折法

将确定尺寸的图纸，画好中心部位的主要花纹，然后卷折画稿图纸使画纸的上下边缘对接。画花样时，根据主要花型的结构，以一朵花卉为例，将花头的上部分以及枝干的下部分分别向上下画面以外部分延续少许，这样，卷折画纸上下边缘时，就会发现图案衔接得非常自然。

上下接回后，左右用同样的方法卷折，左右边缘衔接时，在拼接处根据画面的疏密关系，适度添加或删除细节元素，直到对接连续时视觉效果满意为止。

卷折法也可以用来画左右错开斜排的二分之一接版构图。具体方法是这样的，在确定好尺寸的图纸上画好中心图案，图案上下连续与裁切法相同。左右衔接时，需要将左下角卷至右边二分之一处，与右上角对齐，右上角卷至左边二分之一处，与左下角对齐，根据连接部分的情况适度调整构图。然后，再将右下角卷至左边二分之一处，与左上角对齐，根据拼接处的空间调整或补充元素；左上角卷至右边二分之一处，与右下角对齐，再予以局部修改和调整。

3. 掌握重复接版的技巧

那些题材元素优美、循环重复流畅的设计给人以优美舒缓的感觉，严谨的花形设计，精心设计的接版处理，不会让人一眼轻松找到重复的单元图案，这样的图案设计就是一个完美的花形设计；而如果审视一幅图案设计稿时，可以看到基本单元元素之间循环重复时产生的缝隙，那说明在接版处理上还不够完美，应该尽量通过基本单元图案构图的巧妙安排，避免产生生硬的垂直或水平线。

图案中的循环接版可以使我们更好地积累和掌握一些构图方法，掌握重复的技巧最好的方法就是在设计中通过不断观察，合理安排设计母题元素。

一般来说，平接重复方式是基本形以垂直或水平方向平移重复，如果排列不合理，在重复接回的地方，结构线就会非常突兀，容易使人注意到重复的结构而非图案元素本身。所以，一般情况下建议采用二分之一重复循环接版方式，错位的排列可以很好地隐藏单元图案重复产生的水平或垂直线，图案以三角形错位排列，画面更富有律动感。

小贴士

如何掌握接版方法与技巧？

对于初学者来说，图案的构图和循环接版能力非短时间能够获得，为了积累经验，在日常生活中，设计师需要时刻保持职业的敏感。在市场调研的过程中，多去分析服装面料的印花图案是怎样设计的，以及图案的题材元素、色彩搭配、比例尺度和循环接回的方法，特别是要多分析体会图案的循环接版方法。

四 定位图案设计

定位图案与重复循环图案不同，连续印花图案主要是针对服装面料设计，定位图案则是服装局部装饰印花，将图案精确印制或刺绣在服装或服饰产品的某个部位，常见于T恤、外套的设计。以T恤图案设计为例，图案一般会印制在前胸或肩部等特定的位置。定位图案设计在童装上应用也非常广泛。

对于局部定位印花，设计师在产品下单生产之前一定要明确图案的尺寸和位置，以1:1尺寸大小打印出来放置在成衣上比对，确定具体位置以及在服装上呈现的色彩效果。

小贴士

设计纺织品印花图案，一定要考虑图案的色彩、比例尺度以及印制的面料质地，如果是丝网印花，图案的色标需要用色卡进行色号确认，以保证图案的色彩和预期效果一致。

对于图案的比例尺度，设计师需要以实际比例打印一张图案稿，然后保持一定的距离审视画面，判断尺度比例是否合适，想象和判断图案在最终产品上的比例关系。

39

39　定位印花童装图案设计，图片来自WGSN

06

第六章 现代服饰图案的表现技法

技法表现是印花图案设计的重要一环，从一定程度上来说，服装面料花样设计的竞争实际上是技法的竞争，技法和材质的表现尤为重要。同时，技法表现和纺织工艺密切结合，并受工艺的约束和限制，技法表现要以工艺的实现为前提。

一 手绘技法的重要性

计算机辅助设计的流行带来一种现象，我们开始过度地依赖计算机，而忽视了手绘技法。这样容易对初学者造成一种印象，似乎手绘的技巧、方法可有可无，无关紧要。殊不知，就国际印花图案设计领域来讲，许多引人注目的图案都来自设计师的精心手绘。以Hermès手绘丝巾为例，Hermès丝巾每年只推出12款新品，每一幅丝巾设计稿都饱含了精心的构思与设计，从Hermès的设计理念，我们足以看出手绘设计的重要性。无论采用什么样的技法表现的手绘图案作品，无一不体现了设计师对生活的感悟和创作的激情，在创作过程中偶然的奇思妙想，赋予设计作品更多的内涵。

因此，初学者必须明白，计算机软件只是一种辅助设计手段，而不是唯一手段，毕竟，计算机没有情感和想象，而设计需要情感和现象。只有充满设计师和作品之间的情感互动和交流的设计作品才能真正地打动人；富有情感的、人性化的设计，才能真正地打动消费者的心灵。

二 服饰图案的主要技法表现

在服饰面料设计开发中，面料的图案和色彩作为第一视觉要素，对终端产品的最终效果起到决定性的作用。服饰图案设计创作除了需要较好的手绘功底和技巧外，还需要对材料运用和一些特殊的技法熟练掌握。常用的技法有以下几点。

1. 水粉画法

水粉画法一般表现花卉题材较多，用来表现花头和叶子的层次和立体感。可将毛笔、油画笔或水粉笔笔尖按扁后在画纸上"平扫"，塑造花瓣和叶子的明暗、立体感，表现对象大的体面关系。为了追求画面肌理，也可以吸干笔头的水分，蘸少许颜料在画纸上皴擦，刻意表现似水墨画般的枯笔效果。

02

01　手绘水果图案
02-04　水粉画法花卉图案

01

03

04

2. 抽象笔触画法

笔触，是绘画艺术中的笔法，艺术家借助颜料的厚薄对
比和浓淡变化、落笔的轻重力度、运笔的方向和快慢节
奏，塑造不同的装饰感觉和审美情绪。笔触痕迹和画
布的基材也有关系，恰当选择不同质地的画布或画纸，
合理利用笔触效果，可以塑造率性洒脱的装饰风格。近
年来，抽象笔触印花图案开始在服饰面料设计上风行，
如图05、图06，用随性洒脱的笔触来表现花卉题材，
忽略花卉的细节，追求神似而非形似，以明快的色彩取
胜，反倒更耐人寻味。

06

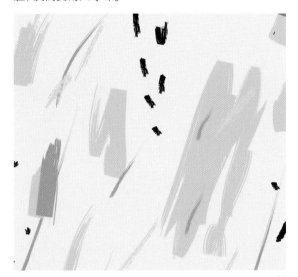

05

07

08

05　笔触风格印花图案
06　笔触效果抽象印花图案
07-08　油画笔触效果抽象花卉图案

3. 水彩画法

相较水粉或油画来说，水彩画带给人更通透的视觉感，从装饰效果来看，更具田园气息，一般更多表现花卉水果、风景建筑。绘画过程中水的流动性造成了水彩技法不同于水粉画法的区别。颜料的透明性使水彩画产生一种清澈灵动的效果，颇具自然洒脱的意趣。

09-10　水彩花卉图案
　11　水彩花卉图案，与抽象几何图案结合，颇具时尚感

09

11

10

4. 块面画法

其根据对象的明暗、立体效果，把每一个局部用色彩归纳分成若干层次，再用平涂块面的手法进行表现，色彩一般都是由深到浅的同类色或近似色，表现花卉植物或动物形象，装饰性强。

12　水粉块面技法花卉图案
13　水粉块面技法禽鸟图案
14-15　水粉块面技法图案

12

13

14

15

5. 渲染法

渲染法来自中国画工笔画法,以表现花卉禽鸟题材为主,一般用毛笔较为细腻地逐层渲染,深浅过渡,产生由浓到淡的色彩变化,以表现物象的明暗立体关系。随着时代的发展,渲染法更轻松随意,如图16,用画笔整体勾勒出对象轮廓后,再局部敷以淡彩渲染,不刻意追求严谨的深浅色晕过度,力求洒脱随意的风格。

16 水墨渲染花卉图案
17 渲染技法鸟类图案
18 渲染技法花卉图案

17

16

18

6. 勾线平涂法

平涂和勾线法是最简单和常用的表现技法,最容易掌握,也非常容易表现画面效果。勾线平涂法因为在造型和手法上相对简单,在色彩的表现上要多推敲,力求以颜色取胜。

19-20　勾线平涂花卉图案
　　21　勾线平涂童趣印花图案
　　22　勾线与平涂技法表现

19

20

21

22

7. 撇丝法

撇丝技法一般表现花卉题材,用来表现花头和叶子的层次和立体感。撇丝线根据粗细可分为粗撇丝和细撇丝,粗撇丝也称为干撇丝,可用毛笔、油画笔或水粉笔在纸上按扁后"平扫",塑造花瓣和叶子的明暗和立体感,细撇丝则可以表现叶脉纹理,如图26花卉植物图案。

23　花鸟图案,用撇丝技法表现叶子
24　花卉植物图案,用撇丝画法表现叶子
25　撇丝技法表现
26　撇丝技法花卉图案

23

25

24

26

8. 钢笔画法

钢笔画法一般按照形象的结构平行排列线条，适当叠加交错
线条，不像画素描那般过于追求中间调子和明暗层次关系，
而是更强调轻松随意的装饰效果。

27-28　撒丝花朵图案，添加剪影底纹，丰富画面层次感
29-30　钢笔勾线时尚图案

27

28

29

30

9. 素描画法

素描画法应用在图案设计中，是近些年比较流行的一种表现手法。首先在画纸上用钢笔速写勾勒元素，然后扫描导入计算机，通过元素融合、底纹处理，塑造丰富细腻、颇具细节和时尚性的图案设计佳作（如图31、32）。

31　素描鸟类图案
32　Cole & Son热带雨林图案印花布

31

32

10. 拓印法

拓印法实际上是一种肌理的转移法,在一些有着丰富肌理的器物或材质(有特殊肌理的纸张或织物、毛皮等)表面涂上颜料,按压拓印到画面需要的部位,可以获得规则或不规则的纹样或底纹。叶脉、窗纱、蕾丝花边、羽毛和其他有丰富肌理的表面等是常见的拓印材料。常用的拓印技法表现有:

纸张拓印法

把常见的纸张随意揉搓成不规则的、不同肌理的纸团,并且在上面涂刷颜色,然后把纸团展开,反扣在干净的白卡纸上,纸团表面的肌理通过拓印被转移到画纸上。这种手法做出的肌理表现,能增加画面的层次感,值得借鉴。

转移肌理法

转移肌理法是一种操作性较强的肌理表现技法。首先在画纸上涂刷颜料,颜料要涂得较厚,趁颜料未干时,选择没有吸水性的肌理表面,将肌理表面放在未干的颜色上,用双手或器物按压,在颜料快干时,移走材料,留下清晰的拓印肌理图案。

工艺的飞速发展为肌理表现带来更多的可能性,近年来在服装面料设计上,将针织、梭织和蕾丝面料通过拓印,用数码印花技术来表现针织、蕾丝面料的质感和肌理,为服饰面料设计带来更多新意和趣味性,也无形之中增加产品的附加值。

33

34

33 拓印肌理图案
34 局部肌理拓印植物图案

> **小贴士**
> 肌理拓印法一般作为图案的底纹来使用,作为底纹或画面的中间层次,和主体图案的关系好比 "绿叶与红花" 的关系。但有时候,设计师不妨另辟蹊径,从另一种角度来诠释肌理效果。比如,在已经完成的画面上,叠加某种肌理效果,营造一种残缺或不完美的感觉,也未尝不是一种新的图案设计风格(如图35)。

35

36

11. 刮刻技法

在任何材料的表面进行刮刻，都能留下痕迹。利用物体的这种表面特性，通过在纸上刮刻产生丰富的肌理，是图案设计中一种比较讨巧的技法，具有一定的随机和不确定因素，常常能带来意料之外的惊喜。

刮刻法适用于水粉以及油画技法等厚画法，因颜料堆积的较厚，适宜局部用刮刻的手法来塑造斑驳的肌理，水粉及油画刮刻法在纺织服饰图案设计中运用较广。

37

35 在图案上拓印叠加肌理
36 在图案上添加斑驳的肌理效果
37 刮刻技法花卉图案

小贴士
将水粉颜料调和得比较黏稠，呈泥状，在纸张上用笔刷涂较厚的颜色，在颜色将干半干的时候，用刀、笔尖、木齿梳等硬物在纸上快速来回刮刻。因为水粉色中的水分会很快挥发，为了避免水粉颜色变干，必须一气呵成。油画颜料不易干，且带黏性，时间相对好控制，可以追求更丰富的细节和层次；用丙烯颜料调和一定比例的乳胶，可以不断反复尝试练习各种肌理技法。

12. 喷洒技法

处理背景时，恰当的喷洒些水或使用含水分较多的颜料，可以产生像雨或晨雾一样奇妙的梦幻效果。

13. 流淌法

在作画的过程中，将含水很多的颜料滴在画面上，将其倾斜，控制颜料走向让其自由流淌，可获得或简单或丰富的肌理效果。为了获得相对具体的图形，也可以在颜料中添加较多的水分，趁颜料呈现流淌状的时候在上面添加细节，如图38，在颜料湿态流淌的状态下绘制细节，表现矿石的晶体结构和微妙的色彩变化。

38 流淌技法表现多彩的矿石晶体图案
39 撒盐技法抽象图案

14. 撒盐法

撒盐法也是一种值得初学者尝试的技法。一般在画面上颜色含水分较多的部位撒盐粒，画面上会出现类似雪花结晶状的不规则斑点肌理效果，干燥后用刷子扫去多余的盐粒即可。撒盐法不好控制，需要不断尝试，控制好水分，才能获得较好的晕染效果。

15. 拼贴技法

拼贴是构成肌理的主要方法之一。作为拼贴的材料自身要具有某种肌理效果，比如本身有文字或图案的报纸和卡片等印刷品，各种有印花或提花效果的织物、蕾丝或抽纱、线、绳，有丰富肌理效果的特种纸张等。在拼贴时可以平贴也可以皱贴，透明的、不透明的、半透明以及材料的重叠也可以不断尝试，以获得出人意料的效果。

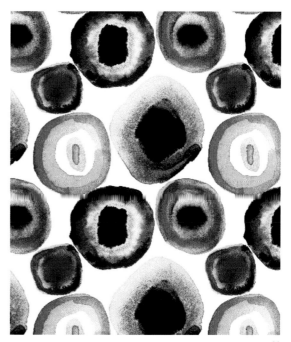

39

小贴士

除了把不同的元素拼贴在一起，我们也可以以一种"破坏化"的方式来解构重组图案。把手绘的图案撕碎，将撕碎的碎块元素重新组合拼贴。

16. 油画棒技法

用油画棒随意勾勒的效果洒脱奔放，可直接在纸上或刷有底色的画面随手绘制图案。此外，利用油画棒的防水性，还可以得到类似蜡染的防染效果，使画面产生一种斑驳、飞白笔触的艺术效果。

17. 转移法

转移法与拓印法有异曲同工之妙，先用质地较柔韧的纸张，反复、随意揉捏成团，展开后将其紧贴在光滑材质的表面，再根据画面构思的需要涂上色彩，再将画纸覆盖在表面，用底纹笔轻、匀地刷一遍，最后把画纸揭开后可以得到如仿蜡染印花的冰裂蜡纹效果的肌理图案。

40

42

40　油画棒技法图案
41　转移肌理法图案
42　油画棒技法植物图案

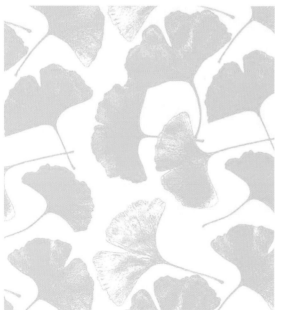

41

> **小贴士**
>
> 肌理影响面料的外观质地，无论是室内家居面料还是服装面料，肌理的塑造相当重要。对于刺绣、梭织和针织面料而言，面料本身就存在一定的质感和肌理；对于印花服饰面料来说，需要通过肌理和底纹来增加面料的肌理和层次。

18. 仿拼布、刺绣技法

对丁服饰面料设计开发来说，拼布、刺绣面料费工费时，生产成本高，但如果巧妙地用手绘技法模拟拼布、刺绣的效果，不仅使服饰面料在外观质感上看起来更具有新意，还可以在节约生产成本的前提下，提高产品的附加值。

43

44

19. 海绵法

将海绵剪成所需要的形状，表面蘸上水粉颜料，根据画面造型和构图的需要轻轻在纸上按压。海绵法可以塑造斑驳、粗糙的肌理质感，如图45。

20. 牙刷法

在牙刷的表面蘸上黏稠的水粉颜料，在画面的局部位置，轻轻用手指或铅笔拨动牙刷的刷毛，牙刷上的水粉颜料掉落在纸上形成如同沙砾般的肌理质感，适合表现斑驳、带有颗粒感的底纹肌理。

45

43-44　仿拼布风格女装设计
45　海绵法表现的动植物图案

21. 涂鸦法

涂鸦法也称速写法，速写表现技法是近年来流行的图案设计技法，轻松洒脱，是一种较好的图案表现技法形式。其一般有两种表现形式，一种为单色或对比度较弱的双色搭配，如图47，用棕色和黑色表现；另一种则为色彩相对鲜艳的涂鸦风格，有点波普艺术的味道，大多适合年轻消费群体。

22. 剪影法

剪影画法是一种比较简约概括的图案表现技法，与中国传统的剪纸图案神似，在表现客观对象时，忽略对象的细节，用概括洗练的语言表现对象的特征和轮廓。其一般多表现花卉、动物题材，常常用单色的技法表现，为服饰、壁纸图案设计中常用的表现手法。

46　牙刷与拓印技法抽象图案
47-48　涂鸦技法图案

47

46

48

23. 添加法

用平面化的装饰手法，在表现对象的轮廓里面添加纹样元素，丰富画面，使形象更丰富、更理想化。正如宋代的"花中套花，叶中套叶、叶中套花或花中套动物，动物中套花卉"，通过平面化处理，即使画面采用极其简单的平涂勾线的手法，画面依然很丰富。图案设计的添加法，不同地域和文化背景下的表现技法如出一辙，佩兹利图案、印度印花布图案大多采用平面化的添加手法来表现花卉图案，画面雍容华丽。

50

49

51

52

49　剪影法花鸟图案
50　剪影法花卉图案
51　剪影法时尚图案
52　添加法花卉图案

53

55

54

53　剪影法碎花图案
54—55　添加法植物图案
56　添加法卡通图案

56

07

第七章 服饰图案的色彩设计与应用搭配

色彩搭配是非常重要的专业能力，纺织品印花图案设计师除了要掌握印花图案的设计方法之外，还应该掌握娴熟的色彩配色技巧。一些经典的图案设计，有时仅仅需要改变配色，将色彩应用与流行色趋势保持一致，就能畅销多年。

因此，对于服饰图案设计师而言，同一图案，设计师需要列出多个可供选择的色彩搭配方案。本章节将重点从色彩灵感、色彩搭配设计技巧以及色彩标准与色彩匹配等多个方面阐述色彩设计的实践方法。

一 影响色彩调色板的因素

图案设计的色彩一般会受到多种因素的影响。设计师的手绘效果和视觉影响、所希望采用的印花工艺以及产品的使用季节、趋势预测、所设计的产品针对的目标市场等诸多方面都会影响设计师的色彩灵感板和色彩设计。一般来说，设计师提供给生产商的完整服饰面料设计方案，在图案设计样稿的下方会标示设计说明以及色彩调色板。

一个设计系列中每个独立的设计方案需要有不同的色彩搭配效果和色彩感觉，不同的色彩可以帮助设计师创建和营造不同的产品格调和氛围。但是，一个完整的配套设计系列在色彩设计上需要一种凝聚力，即一个统一的色彩基调，这个色彩基调能够将一个完整的设计系列统一整合在一起，使它们在色彩上相互呼应，又完全和谐统一，调色板是设计师实现这一目标的重要手段和载体。如何使用这个调色板是设计师个人的设计选择，有的设计师喜欢淡雅柔和的色彩，有的设计师偏爱高级灰色调，有的设计师则可能喜欢鲜艳饱和的色彩，在一定程度上，色彩偏好与个人性格密切相关。

1. 色彩与文化背景

时尚产品的色彩受流行趋势等诸多方面的影响，我们也不能忽略来自文化背景的影响，要理解色彩在不同的文化和仪式中所具有的象征意义。例如，在西方的婚礼中，新娘穿着白色；但在许多亚洲国家，婚礼上新娘一般应穿着代表喜庆吉祥的大红色，代表美满幸福。因此，在中国纺织和服装行业，有针对婚庆市场的产品，基本以大红色为主，这与中国传统的婚庆习俗密切相关。

2. 色彩与流行趋势

对于服饰图案设计师来说，要敏锐地捕捉到每季的流行色，一般来说，春夏季节的用色一定比秋冬的用色要鲜艳明快。此外，服装图案的色彩设计一定要考虑时效性，这一季流行的色彩，下一季可能不再受到强烈关注。服装的功能和场合也是要考虑的因素。

01

小贴士

值得注意的是，无论设计师个人倾向于什么样的色彩偏好，成功的色彩方案一定要考虑到商业市场的反馈，因为市场是检验色彩设计成功与否的标准。作为消费者，我们在服饰和家居中选择的颜色反映了我们的个人品位，但作为设计师，应该学会使用不同颜色和不同数量的色彩搭配，这些颜色和组合不一定是你个人所偏爱的。你可能会发现你有更多的颜色搭配可供你选择。作为设计师，在色彩的设计和使用上要尽量避免主观情绪和喜好。

01　适合春夏服装的色彩灵感板

印花图案的色彩受消费者年龄、职业、审美观念以及季节、地区、产品用途等因素的限制，更重要的是，要考虑流行色的潮流趋势的变化。除了主要的流行趋势发布机构，全球还有许多纺织品趋势预测工作室，提供流行趋势和产品开发资讯是纺织品趋势研究工作室的主要服务项目之一。这些趋势预测研究机构每年分春夏和秋冬两季定期发布流行趋势信息，向全球范围内纺织服装企业出售印花和色彩预测手册。趋势预测一般比当季要提前两年发布。

全球一线高端时尚品牌为服饰流行的风向标，中低端品牌一般以高端品牌的设计为导向。当然，有些独立设计师，一般也不为高端市场的设计风格所左右，而是倾向于坚持品牌自己的设计风格。

3. 色彩与季节

在服饰图案设计中，还需要特别注意色彩的季节性，例如，秋冬季的设计偏向沉稳，黑色、灰色、棕色等大地色系会比较常用，但在设计春夏季节服装面料图案时，色彩的选择范围就要广泛得多。

纺织和服装行业的生产一般按季节运作，除了面料的质地，色彩是和季节密切相关的设计因素。一般来说，夏季的服装颜色相对明快，而冬季一般偏向沉稳。对于服饰印花图案设计师来说，要敏锐捕捉每季流行的色彩，春夏季图案的颜色一定要比秋冬季图案的颜色靓丽。当然，根据服装的功能，色彩也有一些不同，比如，泳装没有特定的时间限制，其图案的色彩一般都比较活泼明快。

二 色彩设计与品牌风格

产品的图案和色彩决定了产品的的风格。严格来说，图案的色彩诠释了产品的风格，相对图案而言，色彩是第一视觉语言，因为色彩不能脱离印花图案而独立存在。

许多成功的品牌都有其标志性的色彩，以芬兰的国宝品牌玛丽美歌（Marimekko）为例，简单的花卉图案、靓丽的色彩是玛丽美歌独特的品牌标签。玛丽美歌的色彩风格和企业所处地域环境和文化特点不无关系。芬兰地处北欧，冬季万物萧索，寒冷而漫长，大概因为大自然的单调和静谧最大限度地激发了北欧人的想象力，芬兰设计师用水彩、马克笔、相机创造出绚烂的图案，经印染技术印到纯棉织物上，用这些充满阳光的设计来缓解自然环境带来的沉闷。写意的罂粟花、抽象概括的花卉、高度形式化的波点方块图案，设计师用鲜明的色彩、大胆的想象来表达对自然、人文社会的感悟，是人们内心对热烈、活力、阳光的向往。因此，玛丽美歌的品牌风格鲜明，品牌可识别度也非常高。

三 色彩在图案设计中的重要性

在中国纺织印染行业，有句俗话说："远看颜色近看花"，通俗来讲，决定消费者购买服装的主要因素首先是色彩，其次是图案款式和面料质感。对于服饰图案设计来讲，色彩设计至关重要。设计师可以用一个成功的配色方案来推销一个不够完美的图案设计，但失败的配色方案却很有可能使一个好的图案设计前功尽弃。可见颜色对于服装图案来说有多么重要。

设计师要养成时刻关注流行色趋势的习惯，因为，在某一季不适合的色彩，极有可能在下一季却倍受欢迎。色彩设计是纺织品印花图案设计中的重中之重，是决定产品开发成功与否的核心要素。设计师在表达特定的主题和概念的过程中，色彩扮演了极为重要的角色。

1. 成功的色彩方案可以提升产品附加值

色彩对产品的最终效果起到决定性作用。成功的色彩方案可以让一款平庸的设计产品倍受欢迎，而失败的色彩方案却极有可能让一个好的设计无人问津。对于纺织服装企业来说，造成产品大量积压和库存的主要原因大多是色彩问题。

03

2. 色彩的流行周期

如果考虑调色板的流行变化，我们可能会注意到色彩的变化走向倾向于循环演变和发展，而不是在新一季流行轮回中被完全推翻。在季节性调色板中，可能会有长期核心色、中期流行色和短期流行色。长期核心色通常是比较经典的色彩，如白色、黑色、海军蓝、米色和灰色等稳重的中性色或大地色彩。中期流行色往往会对几个季节产生影响，并可能被归纳为一组，比如酒红色、墨绿、橄榄绿等色彩。短期流行色的变化更为频繁，一般可能只持续一季，这些短期流行色往往更大胆，更具有影响力，但通常也最快被更新淘汰。一些快时尚品牌的每季新品一般围绕这些短期流行色彩进行产品开发，从最受全球年轻消费群体喜爱的快时尚品牌H&M、ZARA、MANGO等品牌的产品，我们可以发现，流行色在时装服饰产品设计中的重要性。

色彩预测专家开发季节性调色板，使用趋势研究来开发这些短期色彩，并将它们与较长流行周期的色彩组合应用。正是这些短期的色彩和它们的变化速度推动快时尚时装业的淘汰更新。设计师可以在开发自己的调色板时使用类似的方法，分组考虑产品的颜色选择和搭配。

色彩趋势的周期性、产品设计的目标市场以及印花技术将深刻影响调色板的色彩，设计师需要从商业化的角度来诠释色彩灵感。

03　黑白时尚女装设计
04　色彩趋势与商业应用

04

四 如何创建成功的色彩设计方案

众所周知，在纺织服装设计领域，"色彩比图案更重要"，对于服饰图案设计而言更是如此，好的色彩配色方案是成功的一半。设计师创建成功的色彩设计配色方案其实有一定的方法。一般来说，大体可以从以下方面着手。

05 拍摄一幅色彩灵感图片，从中提取色彩调色板
06 将提取的色彩灵感板的色彩应用到图案设计中

1. 构建色彩灵感库

如同收集图案设计资料图片一样，你可以收集那些可以激发你设计灵感的色彩图片，可以是灵感色彩，也可以是别人的图案设计作品，设计师在没有设计灵感的时候，浏览这些图片可以激发灵感火花，找到创作的色彩灵感板。

2. 创建色彩灵感板

对于新手设计师而言，不知道如何配色时，从他人的优秀作品中寻找色彩灵感，提取一组色彩方案，创建色彩灵感板，这是非常行之有效的学习方法。总之，对于服饰图案设计师而言，良好的色彩搭配能力不是一蹴而就的，需要通过更多的练习和长期的积累，才能培养敏锐的色彩感觉。

05

小贴士

如何获取和创建色彩灵感板

1. 从大自然中拍摄一组色彩照片，或从个人色彩灵感库中找到一张灵感图片，从中提取一套配色方案。

2. 从国际流行色趋势中获得灵感，创建调色板。

设计师也可以根据每年的国际流行趋势发布的流行色，从中获取灵感色彩，创建个人的色彩调色板。需要注意的是，国际流行色只是一个大体的色彩趋势，设计师需要根据产品的品牌风格、品牌当季产品的特点和风格趋势来选取符合品牌特点的色彩，而不是盲目从流行色色卡中提取色彩。

06

3. 摆脱个人色彩偏好

尽量避免按照自己的色彩偏好去选择颜色。设计师必须了解，你设计开发的产品所针对的潜在消费人群是不同的，不同的信仰、文化背景、经济收入和消费品位等都是影响色彩偏好的因素，因此，设计师在选择和设计色彩时，应该尽量避免按照自己的喜好去选择颜色。设计师必须清楚，你自己不喜欢的颜色很可能是别人偏爱的色彩。

4. 常用色彩搭配方法

在创建色彩灵感板的前提下，对于设计作品要表达的色彩基调，设计师要有明晰的思路。有几种主要的色彩搭配基调适合初学者使用，在图案创作时，可以基于这几类大体的色彩基调来有效创建调色板。

对比色调搭配

对比色在色相环上被其他颜色分隔开来，它们之间的颜色越多，对比度则越高。位于色相环相对两端的色彩具有最高的对比度，我们称之为互补色。对比色调视觉强烈，掌握不好会产生非常不协调的感觉。在使用互补色和对比色时，适当控制好明度、纯度和面积对比，就可以利用对比色调营造明快时尚的色彩视觉效果。

邻近色调搭配

如果不善于使用强烈对比色或互补色搭配的话，使用色相环上的邻近色进行搭配是比较讨巧的方法，邻近色的搭配如果不是特别理想，也不会产生突兀的效果。与同类色搭配相比，邻近色搭配效果更生动富有活力。因为色彩的过渡平缓温和，画面的整体色彩效果是和谐和平衡的。

07

08

07 对比色应用搭配
08 邻近色应用搭配

近似色调搭配

与对比色相反，类似的色彩在色轮上彼此相邻，并且在组合时相互支持，在整体色调上是和谐的。但同类色的搭配有时会略显单调和沉闷。一般是统一色相，在色彩的明度和纯度上作对比，通过统一与变化来增加画面的层次感，如图09。

单色调搭配

单色调色板专注于单一色调，感觉非常温柔和舒缓，是一种比较简约单纯的配色方案，对于初学者来说，也易于掌握。不过，单色调的搭配有时不免会有些许沉闷的感觉，为了避免单调乏味感，可以提高色彩的纯度，或者尝试单色素描配色方案，如图10。

10

12

11

小贴士

相比较完全单色调搭配，单色素描效果的色彩搭配风格是比较清新而又细腻的。如图10几乎是单色的调色板，但实际上包含微妙的色调变化，尽管整体感觉仍然是单色，但这些细微变化为这件作品增添丰富的层次感。为确保获得较好的效果，可以适当提高色彩饱和度、色彩明度和纯度对比，营造非常出色的装饰效果。

10 以海洋生物为表现题材的单色图案
11 单色花卉植物图案
12 单色风景图案女装设计

5. 突破固有色的思维定式

图案创作不同于绘画和写生,图案创作要融入更多个人的理解和感悟,针对灵感元素进行大胆的提炼和概括。特别是在色彩的应用搭配上,设计师主观上要突破客观对象固有色的限制和束缚,大胆想象和发挥,不拘泥客观对象的固有色,而是以画面的色彩需要为主。如图13,以龟背叶为灵感的印花图案设计,做了"一花两色"的配色,右图的龟背叶以粉色为基调,完全有别于龟背竹固有的绿色,画面统一在温暖的灰粉色调中,色调自然温馨,不失为一幅较好的图案作品。

6. 色彩应用搭配练习

色彩设计是纺织品设计师的核心能力,培养自己的色彩搭配能力至关重要,在服饰图案设计中,色彩设计是与市场结合非常紧密的部分。

当为某个品牌开发面料图案设计时,设计师就会发现,客户一般会针对设计师设计的图案,要求设计师给出多个不同的配色方案。如果设计师能敏锐地判断哪些配色是适销对路的最佳色彩配色方案,说明其对色彩的商业性把控能力不错,因此也能得到客户的认可和信赖。

13

13 不同于固有色的色彩应用搭配

色彩组合搭配与比例分析

1）纸质色卡设计与比对分析

选择偏厚的水彩纸和铜版纸，裁剪成A4或A3纸大小，用水粉色在卡纸上平整地刷上颜色，色彩尽量刷得均匀，以没有颗粒和杂色为佳。将这些刷好色彩的卡纸切割成不同尺寸的长条或方块，将不同大小和色相的色块进行组合分析，根据不同组合的视觉效果来分析色彩比例与搭配效果。当然，设计师也可以借助计算机完成这项工作，但纸质色卡更直观，便于不同距离的目测与对比分析。

2）借助计算机软件进行比对分析

借助计算机，以数字化方式做同样的工作更容易。使用一个二维绘图软件来创建一个调色板，通过简单地使用各种颜色来探索，在电子文档上可以轻松改变色彩的比例大小。

无论选择哪种方式创建调色板，设计师都应该学会分析颜色的组合和比例关系，并将其引入到产品的设计开发中。

室内纺织品设计系列经常要求设计师考虑多种系列配色方案，比如，一个主花型，其他与之系列配套的辅花型会以不同的色调出现。设计师应该花一些时间在网上查看室内面料样本和色彩搭配样本，或登录家居纺织品、壁纸网站查看全球引领型品牌的产品配色设计。服饰设计师也可以经常访问WGSN等时尚趋势网站，分析全球领先品牌的春夏、秋冬两季的新品发布，了解这些高端品牌的色彩设计。

通过不同的色彩组合搭配，你会发现同样一幅构图，使用不同的颜色搭配组合会产生不同的版本的设计方案，色彩具有无形的魔力，赋予画面不同的气氛、节奏和韵律。你会发现，色彩配置的改变，使得画面中有些元素向前移动一个层次，有些元素则退后，有些元素以正形或负面在画面空间中切换和变换，可见，色彩在一定程度上会影响画面的层次感。

学习经典配色设计

可以研究某一特定时期的图案色彩，或者某一品牌、某个设计师的图案色彩设计，找出他们最具有代表性的配色，并分析探究这些配色最打动你的地方，考虑设计师是怎样来应用这些色彩的，画面中明度和纯度的关系，以及色彩面积比例等。当然，在做这些工作的时候，要抛开个人色彩偏好。如前所述，颜色是一种非常个人化的审美行为，但图案色彩设计与产品开发是市场化的行为。

设计师在研究这些经典配色之后，从中提炼色彩调色板，思考如何将调色板的色彩运用在图案设计中。为了完成一幅完美的图案设计作品，设计师常常需要进行多次色彩搭配尝试，并且还需要不断调整颜色之间的比例关系，并确保色彩搭配的最佳效果。

在计算机辅助设计普及之前，图案设计师需要花费大量的时间来调和色彩，找到自己需要的色彩，然后绘制色彩搭配效果。如今，计算机辅助设计极大提高了设计师的工作效率，利用Adobe Photoshop可以使配色过程更快捷直观，设计师可以迅速将色彩调色板的颜色填充到图案画面中去。

但是，即便利用设计软件可以提高配色设计的效率，判断色彩搭配是否合适需要更多设计师个人的色彩感知和判断能力。若要获得出色的色彩配色效果，设计师需要具备敏锐的色彩感觉。对于初学者来说，需要通过不断的实践积累经验。

14

14 简约明快的配色
15 图案设计中的色彩统一

五 色彩设计中需要注意的问题

1. 色彩设计与比例关系

对于图案设计而言，在配色设计时，色相、纯度及明度的选择很重要，选择什么样的色调是前提，但是，并非只有色相本身是最关键的，不同色彩的比例配置关系对画面效果也起到决定性的作用。画面的色调与色彩的面积比例关系密切，画面中占主导面积的颜色往往决定了画面的基调。如果明亮的色彩所占比例较多，那么画面基调就是明快的；相反，如果偏暗的色彩占主导，那画面的整体基调就是暗哑的。

2. 色彩应用的基本原则

色彩设计需要练习和不断实践，掌握色彩应用的规律和方法，大体上可以遵循以下的基本原则。

色彩统一

在一幅图案设计作品中，采用同类色或近似色进行色彩的搭配，强调色彩的和谐与统一。如图15，在色彩设计上采用邻近色的色彩搭配，使整个画面有机统一。

15

色彩对比

对比是色彩搭配的基本技巧，一幅服饰图案设计作品，就像一幅绘画作品一样，除了在色彩上追求统一，还要追求色彩的对比和变化，缺乏色彩对比的统一有时会显得单调乏味。

把色相环上的距离较远的两个对比色放置在同一画面中，通过面积、纯度和明度的变化，使其既对立又和谐，既矛盾又统一，在强烈的反差中获得互补的画面视觉效果。如图16的Marimekko女装图案，在设计中使用对比色。

色彩呼应

在色彩对比与统一的基础上，应该追求色彩的呼应，图案色彩中因为呼应，在色彩上"你中有我，我中有你"，可以在视觉上产生整体和谐的效果。如图17，在画面中，画面大部分元素采用了面积较大的叶子，主要是蓝绿色和浅黄色。为了打破画面的单调，营造画面的节奏感，在藤蔓植物的果实部分采用浅黄色和叶子上的黄色进行呼应，整体协调统一。

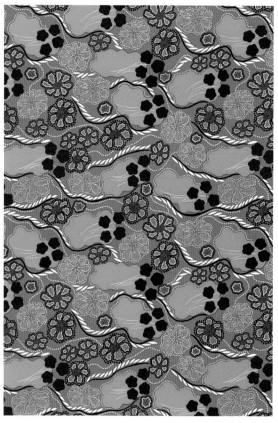

16

17

16　Marimekko女装图案设计
17　色彩呼应在图案设计中的应用

六 服饰图案色彩设计的原则

1. 色彩应用与印花工艺

在设计开发过程中,要明确采用哪种工艺、哪种印花方式来生产产品,是否需要在创作一开始就明确色域和色彩的数量。在设计配色之初,印花色彩的经济因素是需要首先考虑的因素,因此,有经验的设计师在设计配色之前,一定要了解印刷工艺,在开始设计之前,对配色的数量做到大体的了解和控制。

2. 色彩应用与生产成本

一般的图案设计,调色板通常最多由12套颜色组成,高于12套色彩会使产品的生产成本大幅提高,具体的色彩数量根据具体设计方案的需要而定,没有硬性的规则和要求。但在色彩数量的使用上,有的设计师可能使用两种颜色,也有设计师可能会选择使用八种颜色。

设计师在创作伊始就要考虑到图案设计方案所要用的颜色数量。这有助于合理控制产品开发流程,而不必在创作后期因为生产成本的制约不得不减少色彩数量,导致需要重新确定色彩数量和配色方案。

设计师需要明白的是,色彩的配置比例和所选择搭配的色彩本身一样重要,有时甚至更重要。例如,鲜艳的颜色与灰色搭配,画面中灰色占主体,作为点缀的明快鲜艳的色彩比例偏小。如果我们试图改变这个色彩比例关系,同样的色彩搭配关系,把灰色和亮色的面积转换,我们可以发现,同一幅印花图案,色彩关系和效果完全改变了。两幅印花图案,同样的构图,不同的配色方案,同一幅画面,不同的色彩关系,一幅是鲜艳的,另一幅是暗哑的。

小贴士

如何合理使用对比色?

在图案设计中使用对比色是一种比较可取的配色方法,但要注意要合理使用对比色,避免色彩对比过于冲突。初学者需要注意在明度和饱和度之间寻求平衡,即控制好对比色的明度和纯度变化,无论是面积大小还是色彩的纯度和明度对比,都应该有一定的主次变化,避免造成"势均力敌"的视觉冲突感。如图19,威廉·莫里斯的印花图案作品银莲花,黄色和蓝色在色相环上属于对比色,但蓝色无论是在面积、明度还是纯度上都处于"弱势"的一方,画面在明度和饱和度上达到了很好的协调平衡,所以画面整体效果和谐统一。

18

19

18 图案设计中对比色的应用
19 威廉·莫里斯的图案设计作品,对比色应用的典范

3. 遵循"少套色多效果"的原则

要考虑生产成本因素的限制，设计师可通过巧妙的色彩搭配，以少的套色获得多套色的丰富效果。

在数码印花技术产生之前，传统的印花技术一般一次只能印一个色版，比如，就丝网印花来说，三色丝网印花需要三个丝网网版，四色雕版印花需要四块雕版。此外，多色图案在印制过程中也需要大量的染料，并且需要更长的时间去做印花前的准备工作，从分色到制版，也需要更多的色版，所以，每增加一种颜色就需要相应地增加成本。

4. "一花多色"的配色设计方案

一花多色的配色即同一图案配以不同的几组色彩，这样可以在生产工艺不变的情况下，生产可供多种选择的花色，既可以节约成本，同时还可以扩大销售。

印花图案设计师除了要掌握印花图案的设计方法和表现技巧外，还要掌握几项其他方面的能力，其中最重要的是色彩调和和搭配能力，设计师在工作时需要列出多个可供选择的配色设计方案。

色彩搭配的定义要求：
"一花多色"和色彩搭配是不同的概念。"一花多色"，即同一个图案，给出不同的色彩搭配方案，重新配色的色彩数量与原始图案色彩数量一致，但改变了色相和色调。比如，原始图案的最初配色效果是柔和的色调，那么可以改变色相和色调，重新配色。具体的方法如，只改变底色，或整体改变色相。国际著名的奢侈品牌Hermès的丝巾，一款丝巾往往有多个配色。Hermès每年推出12款丝巾设计，其中6款为新品。另外6款，则只是根据色彩流行变化，对以往的产品重新配色，改变色相或色调，呈现完全不同的效果。因此，一款经典的图案设计，有时仅仅改变配色，与流行趋势同步，就能畅销多年。同一设计方案，即使是重新设计配色方案，它们在法律上仍然拥有同一设计版权。

"一花多色"在家居纺织品和服饰设计行业非常普遍，比如，家居装饰布设计，同一款设计一般会提供多个配色设计方案供客户选择，一些高端市场，甚至可以为特定的客户定制配色设计方案。

对于设计师来说，提供"一花多色"的配色方案，主要是基于市场的考虑，因为更多的配色方案可以增加产品的销售量，为产品拓展更大的市场空间。假如一款图案设计受欢迎的原因是缘于色彩，那么设计不同的配色方案就可以增加产品被购买的概率。

此外，"一花多色"也是节约生产成本的最佳模式，这一点在面料印制阶段非常明显。对于产品生产商来说，如果采用圆网印花工艺，生产三个不同配色的同一图案的产品与生产三个完全不同图案的产品相比，其生产成本要低。比如，圆网印花的开版费用不菲，而一旦将印花版做好，企业就可以用它进行各种色彩的组合，生产不同配色的设计稿。这一过程适用于数码印花以外的多种印花工艺。由此可见色彩在图案设计中的重要性。当然，如果选择数码印花，则不用考虑分色制版的问题。

小贴士
调色板数量的开发有时也取决于不同印刷方法的技术要求。在丝网印刷中，每一套单独的颜色都需要一套丝网版，从而增加了生产的成本和时间。一般来说，6至8种颜色通常用于时装和室内装饰的印花，但一些高端织物，尤其是室内装饰织物可能会使用多达24种颜色。相对丝网印花，数码印花则没有色彩数量的限制。

20　Marimekko印花面料设计,采用"一花多色"的色彩设计原则
21　Hermès丝巾设计,采用"一花多色"的色彩设计原则

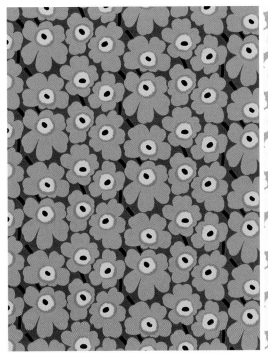 

20

21

七 如何使终端产品获得预期的色彩效果

计算机辅助设计以及数字印刷技术的飞速发展，为设计工作带来了无限的便利和可能性，特别值得一提的是，远程办公为设计师的工作提供了极大的便利，缩短了时间和流程，提高了工作效率。但远程办公对于设计师来说，也存在一定的问题，即同一个设计方案，在不同的显示器上显示的色彩效果截然不同，最终产品的色彩效果可能与设计师电脑显示器显示的色彩大相径庭。我们要避免色彩的差异，以及图像与实际产品的色彩不一致，获得预期的色彩效果。

1. 统一色彩参照系统

在色彩设计的最初阶段，为了避免色彩的显示偏差，设计师应该为自己的设计方案的色彩确定依据，即每一个颜色的标准色号。应取一个行业认可的、常用的色彩体系，比如潘通色彩体系。国内纺织服装行业的生产一般以美国潘通色彩为准。也有其他的色彩参照系统，比如南非和瑞典的NCS色彩系统，因此，确定一个生产商所采用的色彩参照系统很重要。

2. 数字化色彩匹配

数字化的设计为我们的设计工作提供了便利，但也带来一些问题，比如，对于印花设计而言，不同的显示器所显示的图案颜色会有所偏差。在自己的计算机上设计好的图案，在委托生产的工厂的显示器上显示的颜色会有一定的偏差。对SOHO一族和远程办公来说，只要有标准的颜色色号，就可以避免设计和生产过程中的偏差。

3. 提高色彩设计能力

对设计师而言，配色设计是一项非常重要的能力，也难以在短时间内一蹴而就。色彩设计没有什么捷径可循，如果说配色设计有什么有效的学习方法和技巧，那就是通过大量的色彩配色练习来提升个人的色彩设计能力。初学者可从以下几个方面入手：

1. 从东西方传统图案元素中找到一个自己感兴趣的图案主题，不必考虑其配色效果。

2. 选择一些色彩灵感图或图案设计作品，从这些素材中提取一个配色的色板，将提取的配色板应用到你选择的图案中。

3. 将原图和改变配色的图案放置在一起，比较两个色彩配色方案，分析色彩的面积、位置、大小改变之后的图案风格和视觉效果。

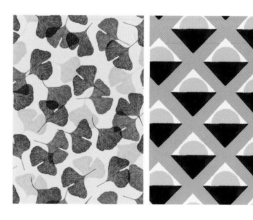

22

22 色彩提取与应用

小贴士

将同一幅图案作品重新配色设计，对服饰图案设计的初学者来说是非常有效的练习方法。计算机辅助设计提高了图案设计工作的效率，使配色练习更便捷且可视化。

尽管计算机辅助设计缩短了时间，提高了效率，但色彩设计并不简单，对图案设计师来说，创作出满意的配色设计方案不是一件容易的事，对色彩的感知和领悟因人而异，有的设计师天生色彩感觉较好，有人则对色彩搭配不是那么敏感。初学者可以通过图案设计软件反复练习配色方案，培养自身的色彩设计感觉和经验。

色彩设计的方法：

1.色彩配色设计方法与步骤1，如图25、26

1）设计创作一幅黑白图案，或直接选择一幅完成的图案设计稿。

2）挑选一个包含3~7套色彩的图案设计作品作为配色参考调色板，构图和图形的面积分布和自己创作的图案相当。

3）在Photoshop中提取所选图案的色彩，绘制色彩板，以该作品的色彩配色方案作为参考色彩板。

4）采用"移花接木"的方式，用参考色板中的颜色依次对所创作图案填色。可以根据设计作品的构图，适度改变色彩的面积大小和比例关系。

2. 色彩配色设计方法与步骤2，如图27、28

1）创作一幅完成配色的图案设计稿。

2）挑选一个包含3~7套色彩的图案设计作品作为参考色调灵感板，构图和图形的面积分布与创作的画稿相当。

3）采用另一种方式进行色彩设计——变调，在保持色调不变的前提下，改变所选图案的色彩纯度和明度，用与原图案不同的色相或饱和度调出一个色彩板，如冷色代替暖色，或明快的色彩替代暗淡的色彩，做出不同的配色方案，色彩数量要保持一致。

4）在Photoshop中提取变调后的色彩，绘制色彩板，以该作品的色彩配色方案作为参考色标。

5）用参考色板中的色彩依次对图案填色，完成不同的色彩配色方案。

23

24

23　色彩设计中的"移花接木"
24　图案设计中的色彩应用

25

26

27

28

25-26　色彩设计中的"移花接木"
27-28　色彩提取与应用

08

第八章 如何设计独特创新的服饰图案

产品创新是企业的灵魂,服饰面料的图案创新设计能够推动服饰品牌的发展,促进服饰品牌的风格化和产品差异化的形成。服饰面料作为服饰产品的重要载体,图案设计作为面料的装饰手段和形式语言,体现了服饰产品的内涵。

消费者拒绝同质化的产品,服饰图案的创新设计提升了服饰产品的附加值,降低了成本,减少了库存,可以为品牌发展赢得更广阔的发展空间。其通过较少的成本追加,使库存面料得到价值的最大化利用,同时为产品的开发拓展了更广阔的空间。

通过服饰图案设计的系列课题训练,学生能够较全面地了解服饰图案设计创作的过程和方法,培养服饰图案设计的创新思维,并能独立完成服饰图案设计以及服饰面料设计的开发。

一 创建个人图片资料库

对一名图案设计师来说,建立自己的图片资料库至关重要,养成随时搜集各种素材的习惯,广泛了解各种不同类型风格的图片,而不仅仅是个人偏爱的风格元素。图案资料无论是时代性、题材风格还是色彩,都应该力求广泛多样。作为一名设计师,应尽量多地通过各种途径去积累素材。

1. 研究不同风格的作品

要想创作具有个人风格的作品,必须要研究和关注不同的风格,不定期地浏览、梳理资源库,特别是在灵感没有突破的时候,浏览资料库可以寻找灵感的火花和设计的切入点。

在欣赏和审视他人的作品的同时,要想到如果是自己来设计这幅作品,你将怎样来表现,这样不仅可以吸取和改良他人设计作品中的不足,还可以为自己的设计找到不同的灵感和视觉语言。无论什么时候,灵感始终是创作的前提。

2. 随时记录设计灵感

好的设计思路有时在一开始并不容易获得,应随身携带速写本,以便随时抓住稍纵即逝的灵感。随时准备一个小的速写本对印花设计师来说,是一个很好的创作习惯,随时记录设计素材,当灵感突然浮现在脑海中的时候,不论是一个美妙的色彩灵感还是一个题材元素,都要及时记录,以备后期创作使用。

二 拓展灵感视野

1. 市场调研

作为设计师一定要站在消费者的角度思考，忽视消费者的设计必然会被市场冷落。除了课堂的学习和创作实践，一定要养成市场调研的习惯，只有做到了解市场，才能设计适销对路的产品。

2. 参加展会

参加大型展会是了解行业发展动态的最佳途径，客户、设计师可以在短时间内看到众多的品牌和风格。趋势工作室和相关代理机构会对纺织品印花图案设计师非常关注。法国第一视觉展也侧重于服装、纺织品印花图案设计。

3. 获取网络资源

互联网的广泛应用也使得获取资源变得更便捷轻松，特别是一些专业的网站，比如WGSN、Pinterest这些专业网站，是设计师寻找灵感火花、拓展设计视野、获取创作素材的最佳途径与渠道。

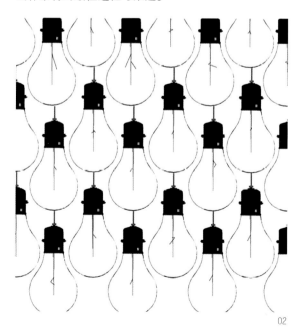

三 从传统经典中汲取灵感

纺织品印花图案设计专业的学生和新入行的设计师一开始很难具备熟练的专业能力，对色彩的把握、题材的选择方都需要积累经验。

独特的原创性设计一定是建立在学习大量优秀经典设计的基础之上，因此，学习经典图案对服饰图案设计师至关重要。对于初入职场的新人设计师而言，企业一般会让设计师去借鉴市场流行的畅销图案，或者将一个经典传统图案进行改良，通过融合和再设计，使其更具时尚性。

1. 传承经典

某些图案已经成为经典样式，虽然历经了几个世纪，仍然倍受欢迎，在潮流更迭的时代仍不落伍。对于纺织品设计专业的学生而言，对经典进行改良或调整，是积累和提高个人专业技能的有效学习方法。

以威廉·莫里斯图案为例，其自然与样式的完美结合使其成为今天设计美学的典范。威廉·莫里斯的许多印花图案设计已经连续生产了一百三十多年，至今仍倍受全世界消费者的欢迎，可见经典设计的持久吸引力。经典设计仍是我们今天学习图案设计的典范。

威廉·莫里斯的设计最初主要是应用在壁纸等家居设计方面，如今，被各大国际一线品牌应用在服装和配饰上，深受全球消费者的喜爱。诸如Supreme、Dr. Martens、Burberry、Polo Ralph Lauren等时尚品牌纷纷采用威廉·莫里斯元素和设计美学，将其应用于服装、鞋子和手袋等时尚配饰，如图03即为采用莫甲斯图案设计的女装。尽管不同品牌对传统的诠释各不相同，但都倍受年轻一族的青睐。

03　威廉·莫里斯图案改良设计的女装面料图案
04　Burberry Prorsum以威廉·莫里斯图案元素进行改良设计的男装设计
05　威廉·莫里斯图案女装设计

03

04

05

小贴士

如何从经典设计中汲取灵感

需要注意的是，不同历史时期和地域文化所产生的纺织品风格和色彩不同。以印度尼西亚爪哇蜡染为例，由于受原材料和气候的影响，蜡染织物的色彩以靛蓝和棕褐色为主，形成了爪哇蜡染的独特风格。大多数爪哇蜡染为棕褐色，如果直接将其应用在今天的服饰设计上，未免略显沉闷，因此，我们在以这些传统纺织品为灵感时，需要结合我们所处的环境和时代特征。

2. 改良经典

成功的纺织品设计师,不必一味追求独特的设计方案,而是去创作更经典、更耐人寻味的设计。因此,对于缺乏丰富经验的印花设计师来说,学习经典是创新的基础,对经典的改良设计无疑是积累设计经验的捷径和方法之一。

图案的设计创新是多方面的,一方面,可以是全新的突破,另一方面,也可以以传统的图案和概念为设计母题进行改良创新。例如,可以通过变换传统图案的颜色或者是用数字化手段对传统图案进行创新,在保留原有的装饰特点的基础上,改变大小、改变色彩、改变构图。

近年来,威廉•莫里斯"工艺美术运动"风格的印花成为了各大秀场上表现花卉主题的主要形式,自2014/15秋冬Première Vision展会以来,威廉•莫里斯风格越来越受到设计师的关注。其实许多优秀的创新图案设计是基于对经典设计的借鉴和改良,设计师可以通过借鉴传统,对经典改良设计,实现商业上的成功。

芬兰知名国宝品牌Marimekko,产品线众多,服装、手袋、餐具、义具用品均有所涉猎。品牌最主要的风格是其大胆的色彩和鲜明的印花。Marimekko一直坚持"创新是产品的灵魂",在产品开发中也热衷于对经典图案进行改良设计。如图06,一款由设计师Maija Isola创作于1960年的波普艺术图案,被Marimekko重新改良再设计。

图07中,由芬兰设计师Maija Isola于1972年创作的民俗风格花卉图案印花布被Marimekko进行改良再设计,在色彩上改变原有配色,色彩设计搭配深绿、浅绿和粉色,非常具有时尚性。

06 Marimekko印花面料设计
07 Marimekko采用民俗花卉元素进行改良设计的印花图案

小贴士

怎样对经典进行改良?

对传统经典改良的方法,可以从造型、构图、色彩搭配等多个方面着手,归纳起来,不外乎以下几个方面:

1. 借鉴元素,改变色彩;

2. 借鉴构图,改变内容;

3. 借鉴色彩,改变构图;

4. 借鉴内容,改变尺寸。

小贴士

值得注意的是,服装图案设计师要注意,要十分明确借鉴和抄袭的界限,借鉴他人的设计元素时,如果只是借鉴构图、造型、色彩是允许的,如果将他人的设计直接复制和粘贴那则是侵权行为,所以,设计师一定要注重作品的原创性。

四 题材形式多样化

题材多样化是创新设计的前提，好的题材灵感是图案设计作品成功的一半。要做到题材的创新，可以遵循以下的规律：

1. 打破时空的概念

图案创作一定要打破时空的概念，可以大胆追求一种超时空的感觉，把不同时间、空间的元素，有机组合在一个画面中。不必太拘泥于逻辑性和真实性表达。如图08，英国Liberty公司设计的印花面料，题材表现大胆，与现实生活场景相距甚远，但仍不乏趣味性与时尚性。

2. 叙事性设计

图案设计作品如同文学作品一样，通过画面可以看出作者想表达一个什么样的故事，追求什么样的情感表达。如图09，威廉·莫里斯的代表作之一"草莓小偷"，就是莫里斯本人发现花园的草莓莫名其妙地少了很多，有一天他坐在花园发现，原来那些可爱的小鸟就是真正的"草莓小偷"，因此，灵感火花突现，创作了这幅享誉世界一百多年的壁纸图案"草莓小偷"。

08

09

08　英国Liberty公司设计的印花面料，题材表现大胆，颇具趣味性
09　威廉·莫里斯的壁纸图案"草莓小偷"

3. "联想"设计法

联想设计是美学创作中的一种心理活动，联想也是一种启发性设计思维方法，联想法可以促进头脑风暴，可以帮助设计师从大自然中得到更多灵感，从而拓宽设计思路，创作更生动，更富有趣味性的设计作品，如图12，设计师由蜜蜂联想到蜂巢，在图案设计中巧妙将蜂巢作为图案的底纹，丰富画面，形成较好的图案层次关系。

10 英国Liberty公司以渔船码头为灵感的印花面料设计
11 以动植物为主体的叙事性图案设计
12 将蜂巢与蜜蜂联想，有机组合在同一画面的图案设计
13 图案设计中的联想思维

10

12

11

13

4. "移花接木"设计法

对于初学者来说,借鉴传统经典,"移花接木"就是最好的方法,可以将他人的构图、表现技法、色彩搭配等,巧妙地转移到自己的设计作品中。

在图案创作中,建议初学者不要拘泥于客观对象,大胆地"移花接木"。比如,将一种花卉的枝叶与另一种花朵果实组合。总之,只有在设计创作上富有广阔的想象空间,才能设计新颖的设计作品。

小贴士

作为独立个体的人,在个人的品位上总会习惯某一种风格,设计师也不例外,久而久之,自己的感觉和喜好,特别是对颜色的感觉总会固化。一名专业的图案设计师,在创作中不能被个人的品位所束缚,要勇于发现和接受新事物,时刻站在消费者的立场思考,学会换位思考,假设你设计的产品自己是否会购买。你必须了解市场,了解消费者,只有这样,设计的产品才能赢得更大的市场。否则,如果被个人的喜好所左右,结果就会适得其反。

五 塑造画面节奏和层次感

1. 画面的中间层次

底纹作为画面的中间层次,对画面效果至关重要,经营好画面的中间层次,可以塑造画面的朦胧美。如果没有底纹来调和画面,图与底的关系将会非常生硬。印花面料不同于提花面料,面料的质感比较平,主要靠图案和色彩取胜。因此,要使图案和面料富有层次感和质感,主花和底纹之间的中间层次很重要,它可以是抽象的肌理,也可以是具体的图形。如图14,用淡淡的笔触勾勒出抽象的叶子轮廓,在花卉图案和黄色的底色之间形成一个中间层次。图15用黑色点状图形来塑造底纹,与主体花型巧妙呼应。经营好画面的中间层次,可以使图与底之间的关系更柔和,赋予画面一种若隐若现的朦胧美。

14   15   16

14　用图形表现画面的中间层次
15–16　用肌理来表现画面的中间层次

小贴士

底纹的塑造有多种多样的表现手法,设计师要勇于打破常规,大胆探索不同形式的底纹装饰手法。

2. 塑造画面节奏感

印花图案设计虽然是平面图形，但也需要节奏感。如同素描的黑白灰层次关系一样，初学者一般会比较关注背景底色和主体图案。一幅完美的图案设计作品，在完成基本构图框架的基础上，会注意画面底色与主要花型元素之间的中间层次的塑造。画面节奏和层次感的塑造对图案的整体效果至关重要。营造画面节奏和层次感，可以从以下几个方面着手。

构图变化与层次感

通过构图的变化，来塑造画面的层次感，如图17，将主题图案用剪影手法处理，形成一个白色的背景层次与主体簇花图案进行错位叠加，形成中间层次，色彩上采用与黄色底色对比柔和的白色，形成非常朦胧柔和的视觉效果。又如图18，Tory Burch 2018春夏新款女装，同一母题图案应用在裙装设计上，裙身部分的图案叠加波点底纹，视觉上更丰富。

18

色彩变化与层次感

通过色彩的变化来营造画面的层次感也是一种巧妙的表达方式，如图19（左），作为中间层次的桃心形背景图案，采用随机无序的错位排列，但在色彩上采用与主体火烈鸟图案相近的色彩，营造梦幻般的视觉效果，不失为一幅出色的图案作品。又如图19（右），主题图案为火烈鸟和棕榈树，在色彩搭配上，用比较明快的色彩表现火烈鸟，用较重的色彩表现棕榈树，视觉上产生退后感，形成明晰的画面层次关系。两幅作品同样是表达火烈鸟，在风格和视觉效果上却全然不同。

17

19

17　将主题图案用剪影手法处理，与主体簇花图案进行错位叠加
18　Tory Burch 2018春夏女装图案设计
19　色彩营造画面的层次感

六 绘制效果图

完成印花图案设计方案后，我们渴望看到其应用在产品上的效果，效果图是设计师推销设计方案最具有说服力的工具。设计师用比较直观的设计效果图和色彩调色板来呈现作品，远比用单纯的言语和文字生动得多。因此，对于印花图案设计师来说，通过模拟效果图来向客户展示产品的最终效果是非常必要的。

出色的图案设计是产品有力的推销名片，一些服装服饰品牌，也会选择招牌图案来制作其品牌的购物袋，这些独具品牌特色和艺术感的印花纸袋在视觉营销中可以起到积极的推广作用。

1. 建立效果图模版库

为了可以更加直观、快捷地展示你的服饰图案的设计效果，可以选择不同服饰类别、廓形、款式以及面料质地的服装。这个资源库不是印花图案，而是侧重于服饰的造型，尽可能地收集不同风格、不同品牌以及不同定位的服饰产品图片。

2. 选择效果图模版

效果图可以使我们清楚看到图案在最终产品上的视觉效果。效果图不必有太多的细节，主要能反映出图案的风格、色彩，特别是图案的尺度比例关系。在选择效果图模版上，尽可能选择与产品廓形与格调相符合的版型。

小贴士

不论采用哪种效果图方式来展示图案设计，都要注意图案的比例。对于一些定位图案，比如T恤，除了实际的比例尺寸，还要考虑在产品上的位置。对于这种单独图案，最好的办法是1:1尺寸打印出来，直接放在衣服上来比对分析，确定图案在服装上的合适位置、色彩关系等。

3. 绘制效果图

要把手绘的图案应用到产品效果图中，方法有很多，一般先用铅笔绘制草图，再用钢笔勾勒轮廓，然后用水彩或水粉渲染图案和色彩。计算机辅助设计更便捷，我们可以把图案手绘稿扫描导入Adobe Photoshop，通过计算机辅助设计来完成效果图。在选择一个合适的模版基础上，利用Adobe Photoshop、Adobe Illustrator等图像设计软件可以很容易模拟服饰效果。

20

09

第九章 服饰图案的系列化设计

图案是服饰的核心，成熟的时尚品牌会进行系列化产品开发而非单品图案设计，一般会对一幅图案的色调、构图、风格和最终应用效果等诸多方面进行整体的设计和考虑。

一 系列化设计的意义

对企业来说，设计一幅成熟的图案花型，意味着对成本的核算和市场的充分考量。一幅设计精美的图案，如果只是单一的应用在一个单品设计上，从成本核算来看，是不够经济的。而系列化的设计，可以节约成本，同时为产品赢得更多潜在的市场，各大一线时尚品牌纷纷通过系列化的产品设计来扩大自己的商业版图。

二 系列化设计的方法

系列图案是一组主题概念、题材、构图甚至色彩相同的图案，两个或两个以上符合上述特点的图案可以称之为系列图案。

大多数企业会要求设计师进行系列化的图案设计。系列化的设计比单品设计相对容易，设计师有时在进行单品设计开发没有思路时，不妨从系列化设计中寻找突破口。系列图案一般会使用相同的配色，但会适当做些变化。企业可以在其生产的不同产品中使用某一款经典印花图案设计，比如女装、泳衣、手袋、钱包等。

对产品开发而言，成功地将一个出色的独立印花图案应用到一系列产品中，一般可以从以下几个方面着手。

1. 主题不变，改变色调

图案不变，整个色彩基调和细节部分色彩都相应变化。比如Paul Smith 2018夏装，同一花形图案，构图不变，底色和图案色彩都改变，分别应用在女装衬衫和围巾上，见图01。

01

01　Paul Smith 2018夏装，同一花形图案，图案和底色色调都做了一定的改变

2. 主题不变,改变底色

同一图案,主题图案和绝大部分配色不变,底色和局部细节稍作改变,如图02。Paul Smith的"海洋生物与热带花卉"题材的服饰图案设计,同一构图,只是改变了底色,分别使用了绿松石色、红色、黑色的底色,应用于女装、领带和钱包设计中。

3. 提取母题图案元素

采用相同的主题概念,同样的表现题材,围绕母题图案,应用于不同产品的图案在题材和构图上适当的变化,图案设计上有主次之分。比如,提取衬衫或者裙子的图案中的部分元素,作为手袋、鞋子等配饰的图案,延伸产品的图案设计,通过色彩和元素与主导产品进行呼应,整个产品系列有机统一。

02

03

02 Orla Kiely系列设计
03 Paul Smith "海洋生物与热带花卉" 题材系列服饰图案设计

4. 服饰图案系列化设计案例分析

印度本土知名服装品牌Anita Dongre，服装图案和色彩采用系列化的设计，不同的服装廓形，同样的色彩基调，相似的几何图案。特别是服装工艺，分别采用了不同的传统工艺，左图两款服装为简约时尚的条纹图案与经典的配色相结合，面料为印度传统手织布。右图服装则采用了印度传统的IKAT织造工艺，以重访手工艺的设计理念来体现慢时尚的设计品位与格调，如图04、05、06。

04 印度Anita Dongre系列女装
05 印度Anita Dongre系列女装
06 印度Anita Dongre系列女装

05

04

06

法国轻奢服装品牌Sandro，服装图案采用系列设计，在菱形图案中填充四叶草图案，采用同样的刺绣工艺，图案设计根据服装的版型设计，在配色上进行变化，如图07、08。

法国轻奢服装品牌Maje，同样的植物花卉图案，改变底色，应用在不同的款式的女装设计上，时尚妩媚而富有变化，如图09、10。

07　法国Sandro系列女装
08　法国Sandro系列女装
09　法国Maje系列女装
10　法国Maje系列女装

07

09

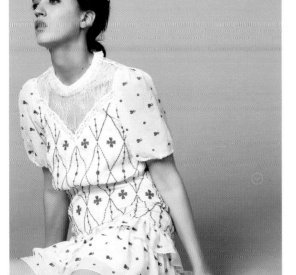

08

10

印度知名服装品牌Anita Dongre,服装图案、色彩采用系列化的设计,同样的植物花卉图案,改变色调,用刺绣工艺,将同一花卉图案应用在不同款式的女装设计上,如图11、12、13。

美国时装品牌Paul Smith在产品设计中一直秉承系列化的设计理念,同样的图案,分别应用在裙装与衬衫设计上,同时,在色彩上稍做改变,将图案应用在钱包和鞋子的设计上,在整体感与系列化方面把握得较好,如图14、15。

11　Anita Dongre系列女装
12　Anita Dongre系列女装
13　Anita Dongre系列女装

11

12

13

14

15

参考文献

1. Amanda Briggs-Goode, Printed Textile Design, Laurence King Publishing, 2013.

2. Alex Russell, The Fundamentals of Printed Textile Design, AVA Publishing SA,2011.

3. Marie-Christine Noel, Michael Cailloux, Printed Textile Design: Profession, Trends and project Development, promopress, 2015.

4. Sarah Grant, Toiles de Jouy: French Printed Cottons, V&A Publishing, London,2010.

5. Starr Siegele, Toies for All Seasons: French and English Printed Textiles, Bunker Hill Publishing Inc,2004.

6. Barbara Brackman, America's Printed Fabrics 1770-1890: 8 Reproduction Quilt Projects: Historic Notes and Photographs; Dating Your Quilts, C&T Publishing, 2004.

7. Diane Victoria Horn, African Printed Textile Designs, Stemmer House Publishers Inc.,u.s. 1996.

8. Khristian Howell, Color+Pattern: 50 Playful Exercises for Exploring Pattern Design, Quarry Books,2015.

9. Melanie Bowles, Digital Textile Design, Laurence King Publishing,2012.

10. Laurie Wisbrun, Mastering the Art of Fabric Printing and Design: Techniques, Tutorials, and Inspiration, Chronicle Books Llc,2012.

11. Susan Meller, Textile Designs: Two hundred Years of European and American Patterns Organized by Motif, Style, Color, Layout, and Period, Harry N Abrams Inc, 2002.

12. Peter Koepke,Patterns: Inside the Design Library, Phaidon Press Ltd; Box,2016.

13. Lucinda Hawksley, Bitten by Witch Fever:Wallpaper &Arsenic in the Nineteenth-Century Home,Thames &Hudson;2016.

14. Bowie Style, Print & Pattern: Nature, Laurence King Publishing, 2016.

15.Bowie Style, Print & Pattern 2, Laurence King Publishing, 2011.

16.Bowie Style, Print & Pattern: Geometric, Laurence King Publishing, 2015.

17.Drusilla Cole, Pattern Sourcebook: A century of Surface Design, Laurence King   Publishing, 2015.

18.Derek W. Baker,The Designs of William Morris,Barn Elms Publishing,1996.

19.Linda Parry,william Morris Textiles, V & A Publishing; 2013.

20. Elizabeth Wilhide,William Morris: Decor and Design , Pavilion Books,2014.

21.Linda Parry,Textiles of the Arts and Crafts Movement,Thames & Hudson; New,2005.

22.Karen Livingstone,Max Donnelly, C.F.A. Voysey, V & A Publications ,2016.

23. Karen Livingstone, V&A Pattern: C.F.A. Voysey, V & A Publishing,2013.